冶金历史文化丛书

铸铁中国

——古代钢铁技术发明创造巡礼

北京科技大学冶金与材料史研究所　编

北　京
冶金工业出版社
2011

图书在版编目（CIP）数据

铸铁中国：古代钢铁技术发明创造巡礼／北京科技大学冶金与材料史研究所编．—北京：冶金工业出版社，2011.3
冶金历史文化丛书
ISBN 978-7-5024-5458-6

Ⅰ．①铸… Ⅱ．①北… Ⅲ．①钢铁冶金—冶金史—中国—古代 Ⅳ．①TF4-092

中国版本图书馆 CIP 数据核字（2011）第 031379 号

出 版 人　曹胜利
地　　址　北京北河沿大街嵩祝院北巷 39 号，邮编 100009
电　　话　(010)64027926　电子信箱　yjcbs@cnmip.com.cn
责任编辑　刘小峰　常国平　美术编辑　李　新
设计制作　北京金舵手图文设计有限公司
责任校对　王永欣　责任印制　牛晓波
ISBN 978-7-5024-5458-6
北京盛通印刷股份有限公司印刷；冶金工业出版社发行；各地新华书店经销
2011 年 3 月第 1 版，2011 年 3 月第 1 次印刷
210mm × 270mm；7.75 印张；176 千字；118 页
99.00 元
冶金工业出版社发行部　电话：(010)64044283　传真：(010)64027893
冶金书店　地址：北京东四西大街 46 号（100010）　电话：(010)65289081（兼传真）
（本书如有印装质量问题，本社发行部负责退换）

前言

中华民族五千年悠久历史和灿烂文明是维系民族团结的精神纽带，先民创造并留存下来的珍贵文化遗产作为生动的实证，直接彰显了中华民族的伟大智慧与创造力，并为世人所公认，充分证明了中华文明的发展史就是一部中华民族的发明创造史。

生铁与生铁制钢技术的发明，促进了铸铁在中国的应用，促进了中国农耕经济的发展，使中华文明连绵五千年不间断，使中世纪的中国社会远远领先于世界各国，是中国古代最重要的发明之一。已有的考古发现和研究表明，中国早在公元前6世纪或更早就发明了液态生铁冶炼技术，并随后发展形成了以生铁和生铁制钢为特色的钢铁技术体系。生铁冶炼遗迹与铁质文物，既反映了古人冶炼、铸造工艺成就，又反映了当时经济制度、管理模式、资源配置和物资交流等社会发展水平，体现出古人卓越的智慧，蕴含着众多创造发明因素。生铁技术的西传，促进了中世纪后期欧洲的经济发展，奠定了工业革命的物质基础，对世界文明发展也做出了重要贡献。

从上个世纪初就做着钢铁强国梦的中国，到当今已经成为世界第一产钢大国，可忆起曾经铸铁中国的辉煌？本画册从中国古代钢铁技术入手，通过其在农业、军事、生活、交通、信仰、政治经济、文化艺术等方面的应用及其传播与交流，展现了我国矿冶文化遗产的历史、科学和艺术价值，对增强民族自豪感和自信心、弘扬民族精神，具有积极的意义。

目录

铁器时代

丹麦学者汤姆逊按照生产工具材质将人类古代历史划分为石器时代、青铜时代和铁器时代，是为“三期说”。

200 万年前

石器时代

5000 年前

商代青铜鼎

青铜时代

两河流域萨尔贡青铜头像

2500 年前

汉代铁犁

铁器时代

古罗马时期铁刀

现代生活中的钢铁

现代生活中钢铁仍然扮演重要的角色。钢铁材料因生产成本低、性能稳定、产品特性多样，适应不同环境和条件的需求，在社会生活和工业生产中应用广泛，如建筑、机械、轻工、汽车、船舶、铁路、石化等行业。

铁元素

铁（Fe）：银白色金属，位于元素周期表中第四周期Ⅷ族，原子序数为26。纯铁有很强的铁磁性，并有良好的延展性、可塑性和导热性，易氧化。

铁是地球上分布最广的金属元素之一，在地壳中含量为4.75%，居元素分布序列中第4位，仅次于氧、硅、铝。地壳中有300多种含铁矿物，主要有：磁铁矿、赤铁矿、褐铁矿、菱铁矿等。

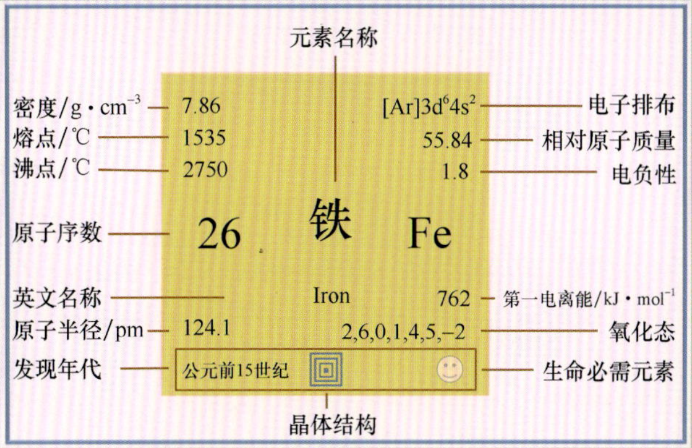

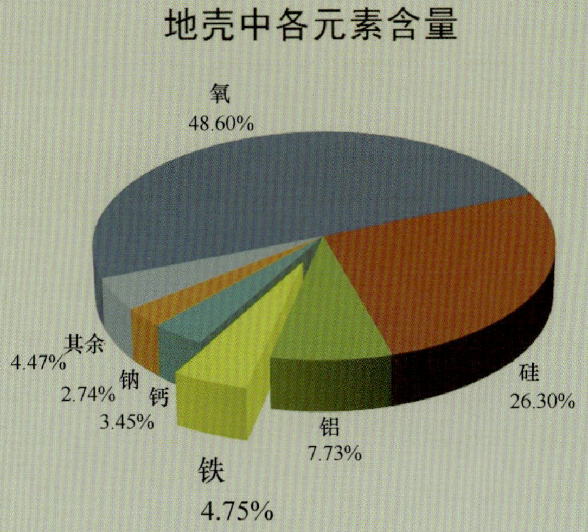

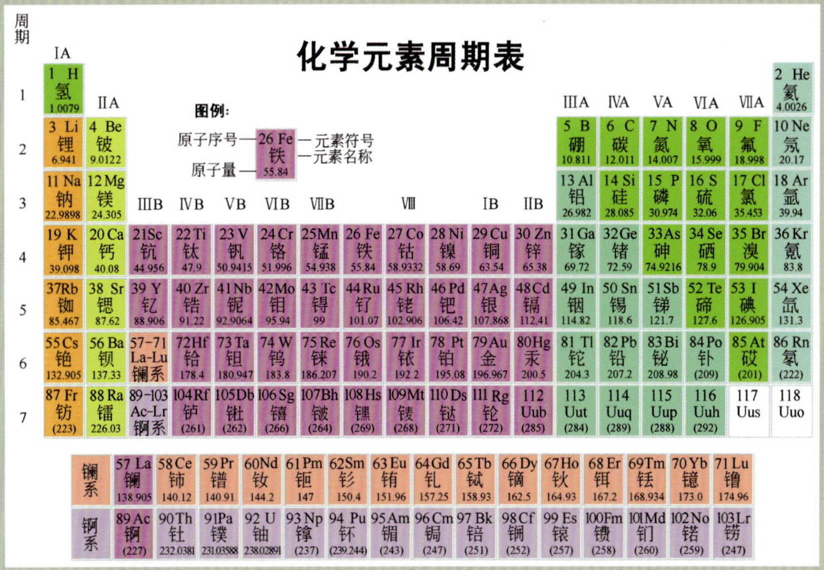

钢铁产品

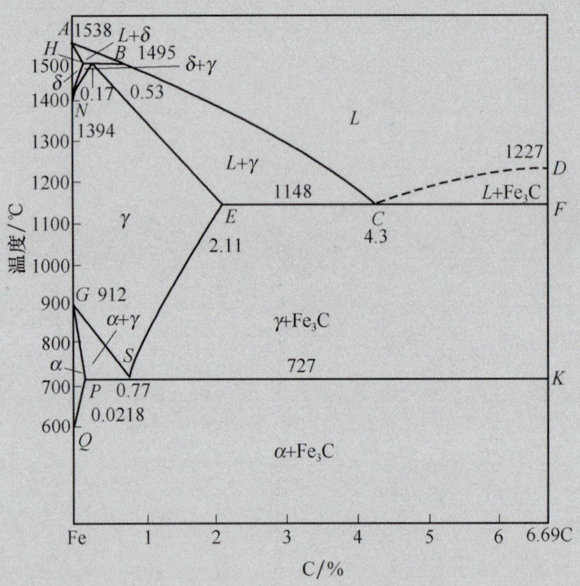

Fe–Fe$_3$C合金相图

白口铁

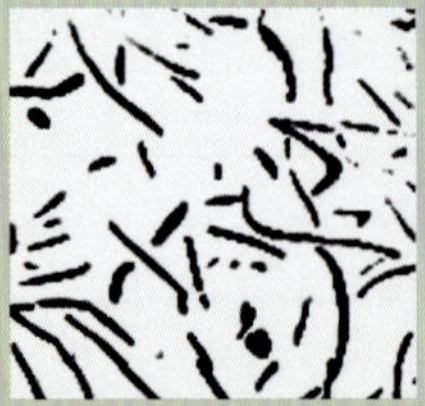

灰口铁

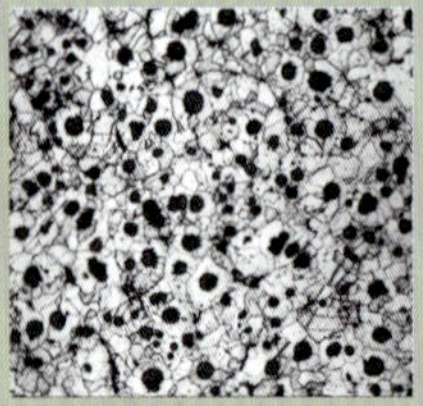

球墨铸铁

纯铁，又称熟铁，一般是碳含量小于 0.0218% 的铁碳合金。

钢，是碳含量在 0.02%～2%的铁碳合金；钢按碳含量不同，一般分为低碳钢 (<0.25%) 、中碳钢 (0.25%～0.6%) 和高碳钢 (>0.6%)。

生铁，又称铸铁，是碳含量在 2.11%～6.69% 的铁碳合金。一般分为白口铁、灰口铁和麻口铁，还有一种特殊的球墨铸铁。

白口铁，碳在铁中以渗碳体存在，断口呈白色，又分为亚共晶白口铁、共晶白口铁和过共晶白口铁。

灰口铁，又称铸造生铁，碳以片状的石墨形态存在，断面呈深灰色，质地较软，可切削加工，铸造性能好，较耐磨。

麻口铁，介于白口铸铁和灰口铸铁之间，断口呈灰白相间的麻点状，碳既以渗碳体形式存在，又以石墨状态存在。

球墨铸铁，碳以球形石墨的形态存在，其力学性能远胜于灰口铁而接近于钢，具有优良的铸造、切削加工和耐磨性能，有一定的弹性。

现代可循环钢铁生产工艺流程

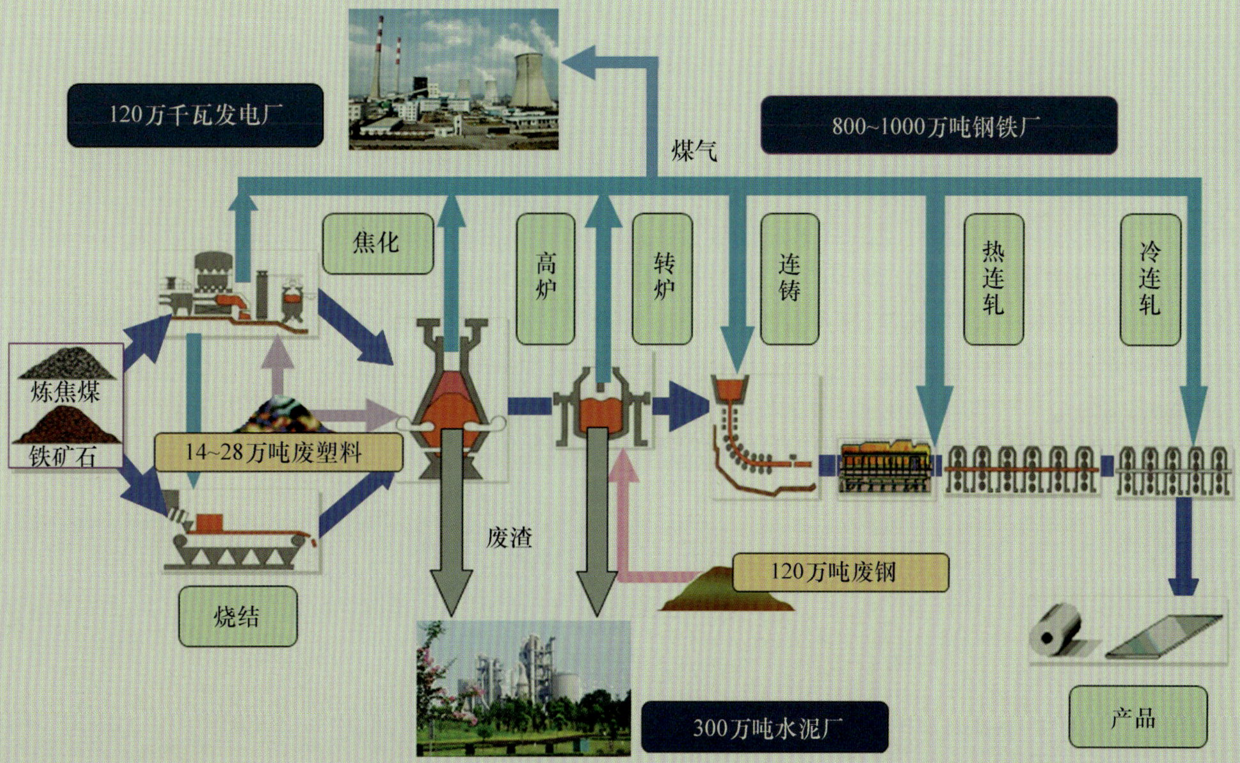

近现代中国的钢铁生产

1889 年，中国最早的现代钢铁厂之一汉阳铁厂成立；1908 年，汉阳铁厂、大冶铁矿、萍乡煤矿合并组成中国第一家钢铁联合企业——汉冶萍煤铁厂矿有限公司。新中国成立前，全国钢铁年产量只有 15.8 万吨。2010 年，我国钢铁行业产能达到 7.1 亿吨，居世界第一，形成宝钢、鞍钢、武钢等几个年产量在 5000 万吨以上的、具有国际竞争力的钢铁集团，钢铁生产规模、现代化水平、技术含量、附加值等方面达到前所未有的水平。

汉阳铁厂（1908年）

京唐公司的现代化大高炉（2009年）

曹妃甸工业园区规划鸟瞰图

生铁冶炼原理

生铁冶炼是指将铁矿石和含碳物质（木炭、煤或焦）在高温下加热，使铁矿石还原成液态铁的冶金过程。在加热过程中，固态碳与氧气的燃烧产物一氧化碳将铁矿石还原得到铁，由于能吸收碳，致铁熔点降低。当含碳量达到 4.3% 时，熔点降为 1146℃。在这种条件下，炉温就可使铁熔化，从而得到了液态生铁。

$$C+O_2 = CO_2$$

$$CO_2+C = 2CO$$

$$3CO+Fe_2O_3 = 2Fe+3CO_2$$

生铁冶炼过程中发生的主要化学反应

铁矿石

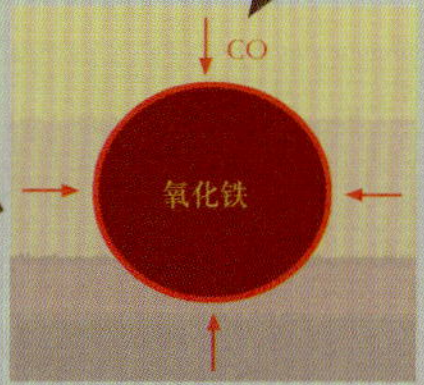

高温还原

生铁熔炼

凝固成型

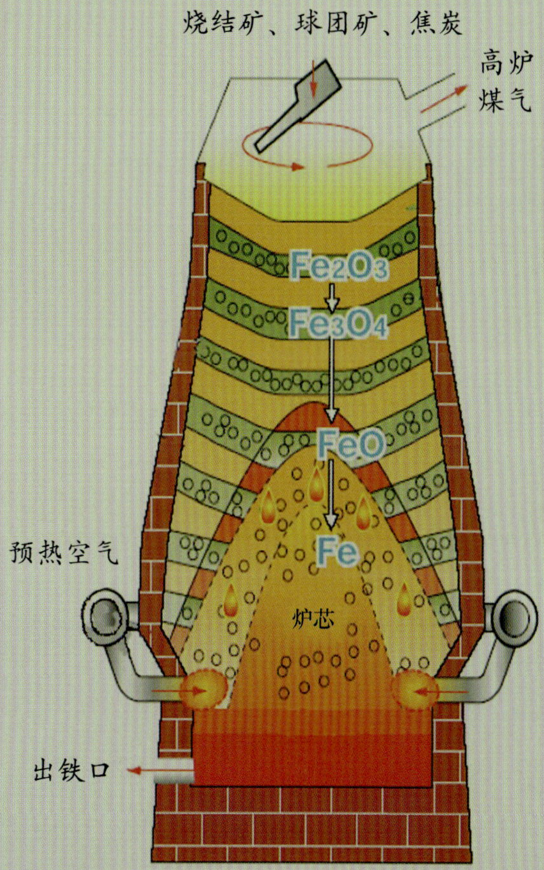

现代高炉生产铁水示意图

古代冶铁的两种方法

最早人工冶铁制品为块炼铁，在1150℃左右时用木炭将铁矿石直接还原而成，出炉时为固态铁块。随后出现生铁冶炼技术，由铁矿石在1150～1300℃条件下还原冶炼而成。生铁因出炉时呈液态，可以连续生产，直接浇注成型，冶铸过程简化，生产效率与块炼铁法相比大为提高。

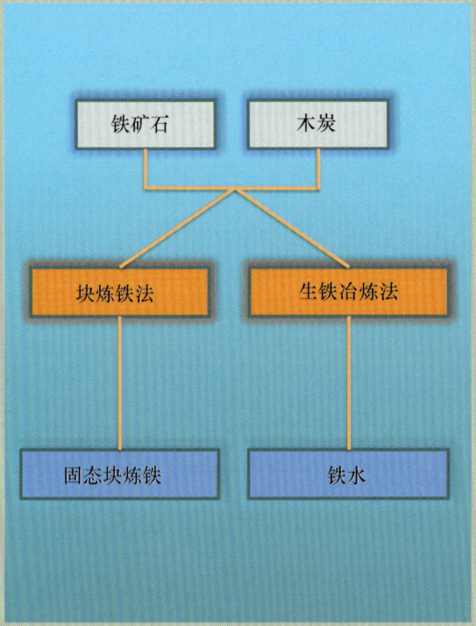

古代块炼铁与生铁冶炼流程示意图

河南鲁山望城岗汉代冶铁遗址

生铁冶炼技术和随后发明的生铁制钢技术，构成了具有中国特色的古代钢铁生产体系，并遥遥领先于世界各国，使得我国工具制造进入了一个全新领域，生产力得到极大的提高，促进了社会的发展。

中国古代冶铁技术

冶铁技术开始于小亚细亚，赫梯人在公元前 1600 年左右发明块炼铁技术。中国冶铁技术的起始约在公元前 10 世纪，比西方的一些地区晚，但后来居上，掌握块炼铁技术不久便发明了生铁与生铁制钢技术。

铁质农具、工具和兵器的广泛应用，极大地提高了劳动生产效率，促进了农业经济发展，对中国古代社会、政治、经济、军事和文化等诸多方面产生了重要影响，给中国古代社会带来了一系列巨大而深刻的变化。

生铁冶炼遗迹与铁质文物，既反映了古人冶炼、铸造工艺成就，又反映了当时经济制度、管理模式、资源配置和物资交流等社会发展水平，体现出古人卓越的智慧，蕴含着众多发明创造因素。

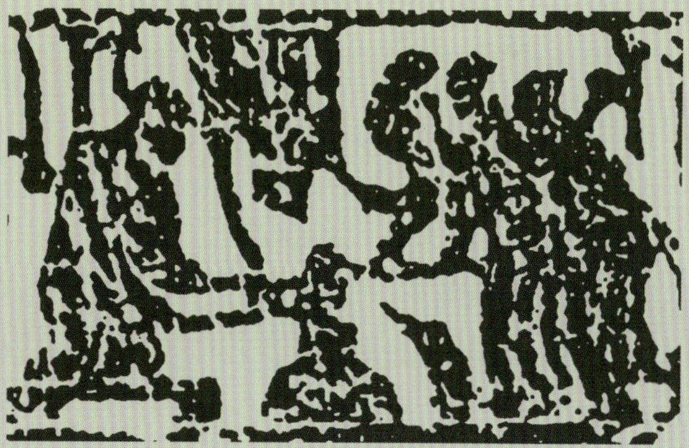

陨铁

人类最早使用的天然金属铁是陨铁，主要由铁镍合金组成。在人工冶铁术发明之前，中国已懂得利用天然的陨铁来制造工具。我国陆续发现公元前 14 世纪至公元前 9 世纪的陨铁制品，主要为铜铁复合器物。这些器物用铁作为工具的刃部，可见当时铁的珍贵与人们对铁和青铜两种金属材料不同性能的深刻认识。

准噶尔陨铁的魏氏体组织

河南三门峡出土西周铁援铜戈

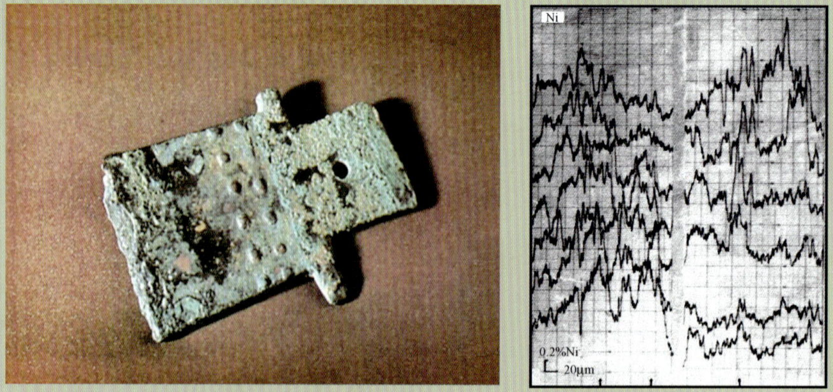

河北藁城出土商代铁刃铜钺（刃部锈层镍分布证明其为陨铁）

早期人工冶铁制品

约从公元前1000年开始，中国出现人工冶铁。新疆哈密焉不拉克等墓地出土有早期铁器，经分析检测为块炼铁产品。目前中原地区发现的最早人工冶铁制品为西周晚期三门峡虢国墓地出土的玉柄铁剑，年代为公元前9世纪。

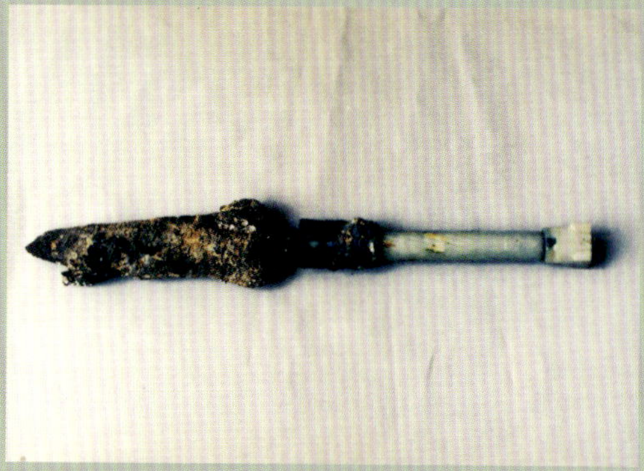

河南三门峡出土西周铜芯玉柄铁剑

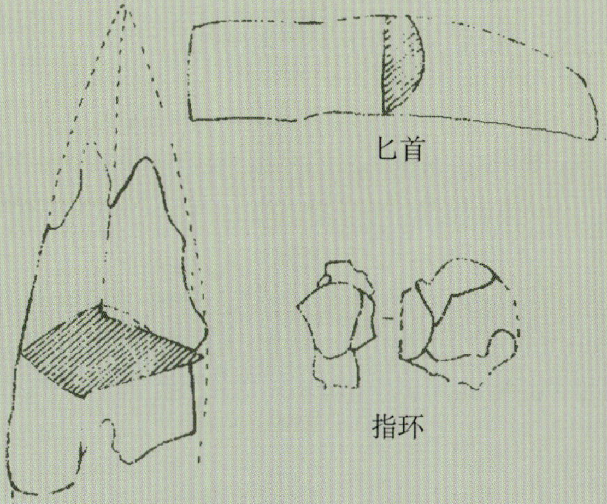

新疆哈密焉不拉克墓地出土铁器

新疆哈密焉不拉克墓地出土铁器及其显微组织

块炼铁与块炼渗碳钢

早期由于受到种种限制，冶炼温度不能达到使金属铁完全熔化的高温，所以只能得到海绵状半熔融渣铁混合的团块状熟铁称为块炼铁。含有较多夹杂物的块炼铁，质地柔软，经加热锻打，挤出夹杂物，改善力学性能而制成的铁器称为块炼铁锻件。如在反复加热过程中，块炼铁同炭火接触，碳渗入而增碳变硬，则成为块炼渗碳钢。

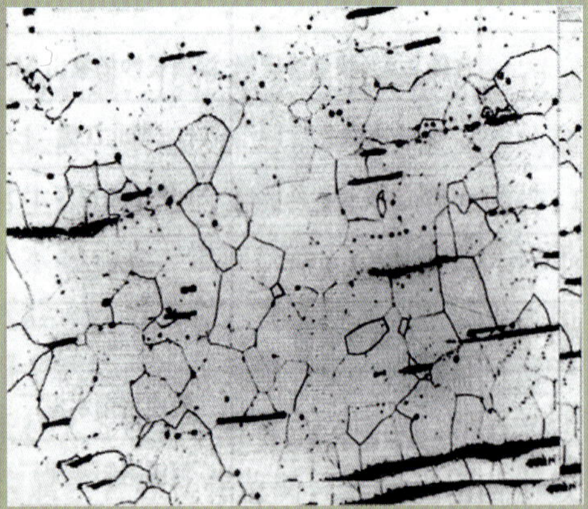

江苏六合程桥出土公元前5世纪铁条金相组织（块炼铁）

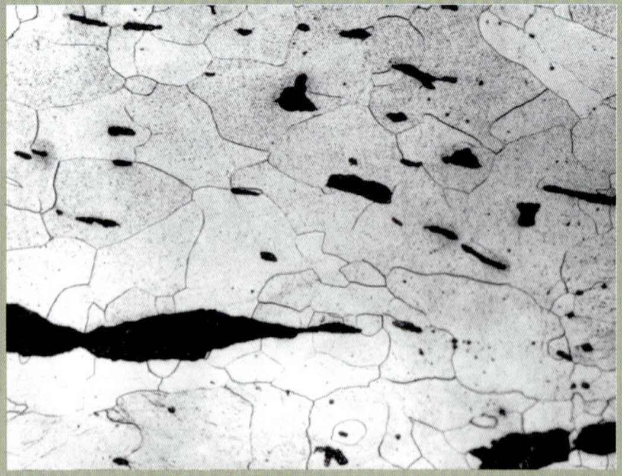

新疆鄯善苏贝希墓地出土公元前3世纪铁刀金相组织（块炼铁）

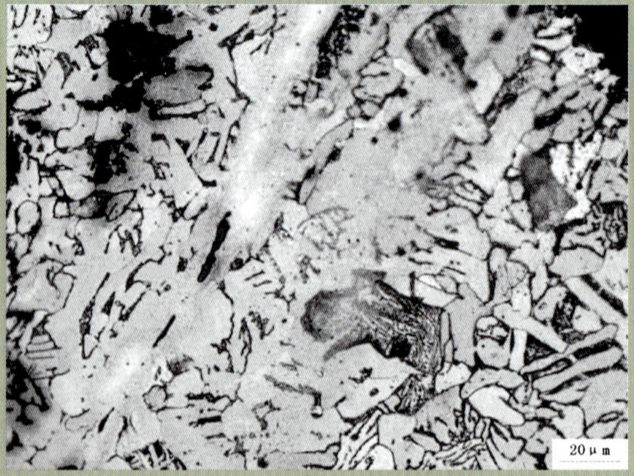

河北易县燕下都出土战国铁剑金相组织（块炼渗碳钢）

早期生铁的应用

得益于成熟先进的高温技术（烧陶技术和冶铜技术），中国最早冶炼并使用了生铁（C>2.11%）。目前发现世界最早的生铁是山西天马—曲村基地出土的公元前 8 世纪的残铁器。考古发掘的早于公元前 5 世纪的铁器中经鉴定 41 件，其中有 23 件是由生铁制成，表明中国当时已形成了与西方不同的块炼铁和生铁并行发展的钢铁技术体系。

出土地点	器物名称	材　质
湖南长沙杨家山	鼎形器1	白口铁
湖北江陵	斧1	白口铁
江苏六合	铁丸1	白口铁
山西长治	镢1	脱碳铸铁
湖北大冶	斧1	脱碳铸铁
河南洛阳水泥厂	锛1	脱碳铸铁
河南洛阳水泥厂	铲1	韧性铸铁
山西天马—曲村	残铁器2	白口铁
河南登封阳城	镢5，锄1	脱碳铸铁
河南新郑	铁片1	白口铁
湖北老河口	锛1，残铁器1	白口铁
湖北老河口	镰1，铲1，锛1	脱碳铸铁
湖北老河口	残铁器1	麻口铁
甘肃礼县	鼎形器1	白口铁

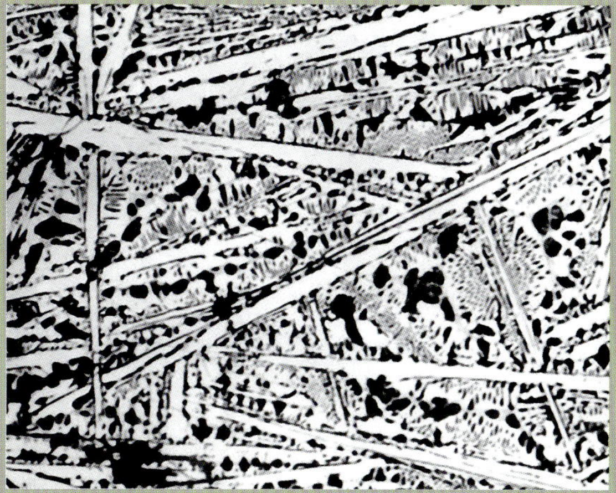

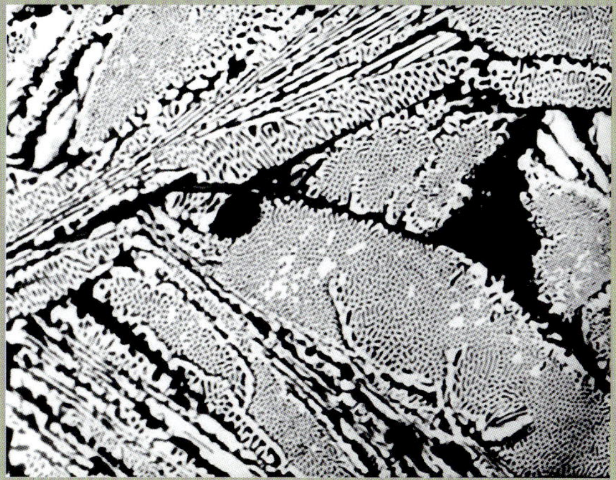

山西天马－曲村出土公元前8世纪残铁片的金相组织

铸铁脱碳技术

将生铁铸件在氧化气氛中进行退火，可制成脱碳铸铁，或进一步脱碳成为钢或熟铁制品，则其硬度和韧性可适合多数情况的要求。战国晚期遗址中发现了退火较为完全的铸铁脱碳钢农具和易于加工的熟铁板材，表明这一生铁制钢技术已经基本形成。由于铸铁脱碳工艺比块炼渗碳钢简单且成本低，所以很快得到广泛应用。

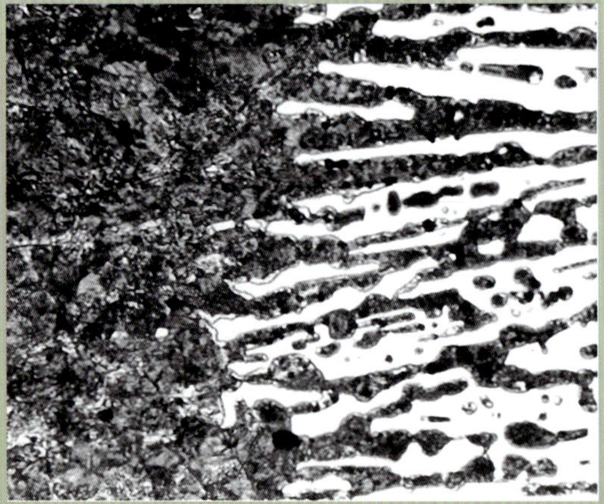

河南洛阳出土汉代铁锛的脱碳铸铁金相组织

河南郑州古荥汉代遗址出土铸铁脱碳成熟铁的板材及金相组织

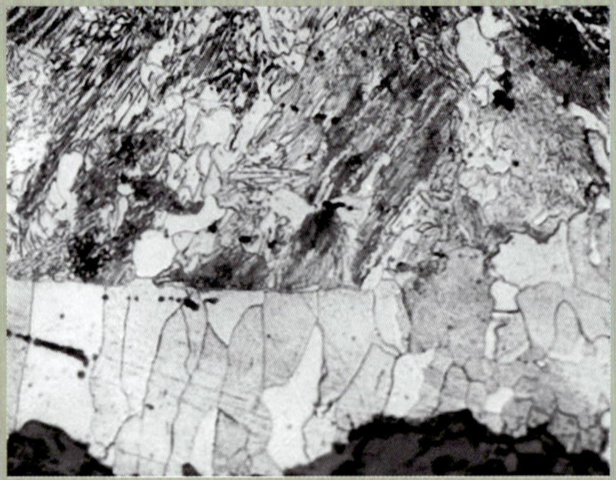

河南登封出土战国铁锄的铸铁脱碳钢金相组织

铸铁韧化

在用退火方法改善白口铁脆性的基础上，将铸件重新加热，可使白口铁中的渗碳体分解为石墨，石墨聚成团絮状或球状，可得到韧性铸铁。我国在公元前 5 世纪已经认识热处理的作用，而且创造出铸铁退火韧化这一极为重要的热处理工艺，对战国、秦汉时期生产力的发展起到了重要的推动作用。

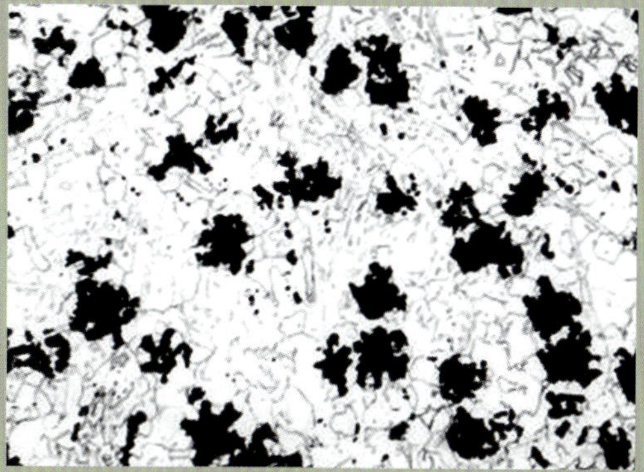

河南汉代冶铁遗址出土铁铲金相组织（具有团絮状石墨的韧性铸铁）

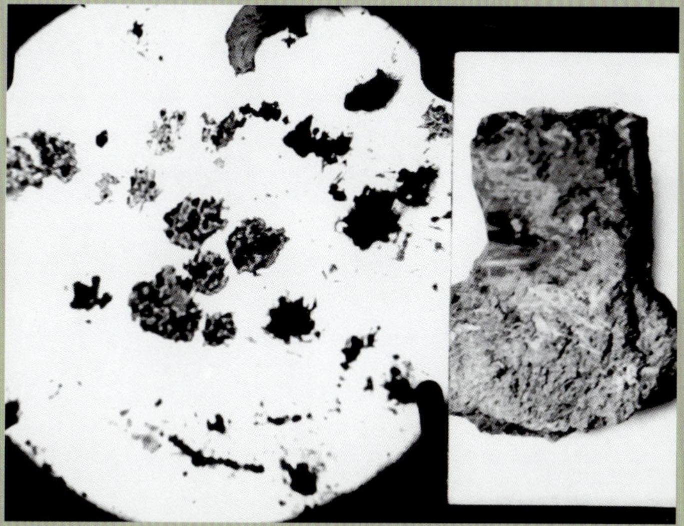

河南洛阳水泥厂出土战国铁铲（铁素体基体，团絮状石墨）

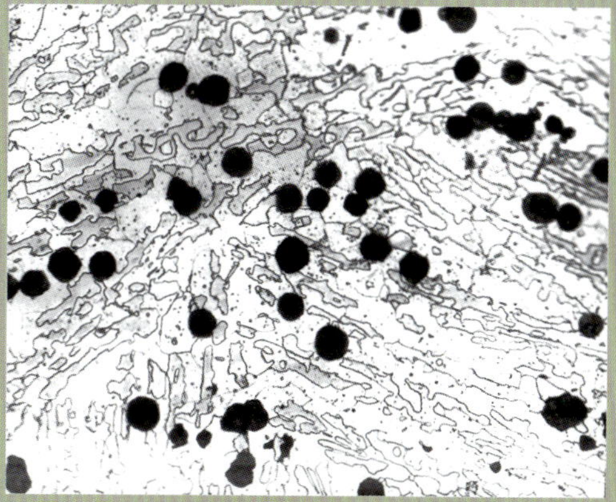

河南登封出土战国铁锄金相组织（具有球状石墨的韧性铸铁）

炒钢

炒钢技术是一种以生铁为原料入炉熔融并鼓风搅拌，使生铁中的碳氧化，从而将生铁炒炼成熟铁或钢的新工艺。最早的文献记载见于东汉于吉所撰《太平经》（约公元1世纪），目前经鉴定最早的炒钢制品是徐州狮子山楚王陵出土的5件矛和凿，属于公元前2世纪中叶。

徐州狮子山汉代楚王陵出土铁矛的金相组织

明代《天工开物》中记载炼铁炉与炒钢炉联用生产炒钢

百炼钢

百炼钢技术始于东汉，经过多次折叠锻打，组织致密，成分均匀，有较好的力学性能，所以多用来制作宝刀名剑。

山东临沂出土的三十炼环首钢刀及其错金铭文（东汉，公元112年）

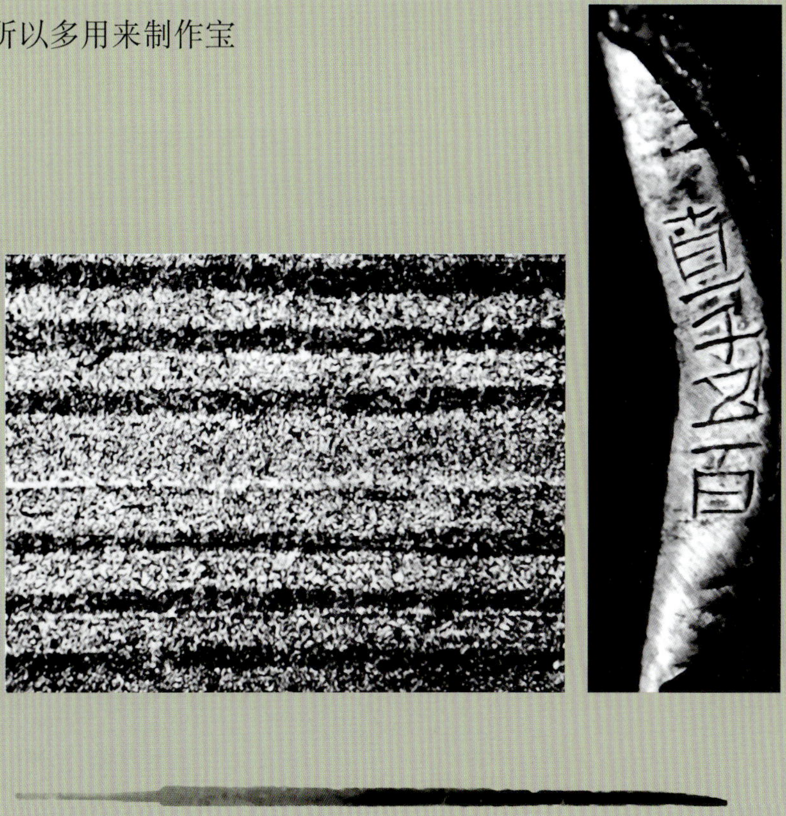

江苏徐州出土东汉五十炼钢剑及其金相组织，剑柄正面上错金铭文，剑镡铭文“直千五百”。（东汉，公元77年）

灌钢

关于灌钢，最早有明确的文献记载是在南北朝《重修政和经史证类备用·本草卷》宝石部引陶宏景（公元456~536年）的记述：钢铁是“杂炼生鍒作刀镰者”。“生”即指生铁，“鍒”为熟铁，“杂炼生鍒”就是指灌钢法，当时已用此法制作刀、镰用具。宋代沈括著《梦溪笔谈》也有灌钢工艺记载。灌钢的原理是将生铁和熟铁按一定比例配合后加热到生铁熔点以上，从而得到合适性能的钢的技术。北京出土的东汉时期铁殳，经检测认为是灌钢产品。

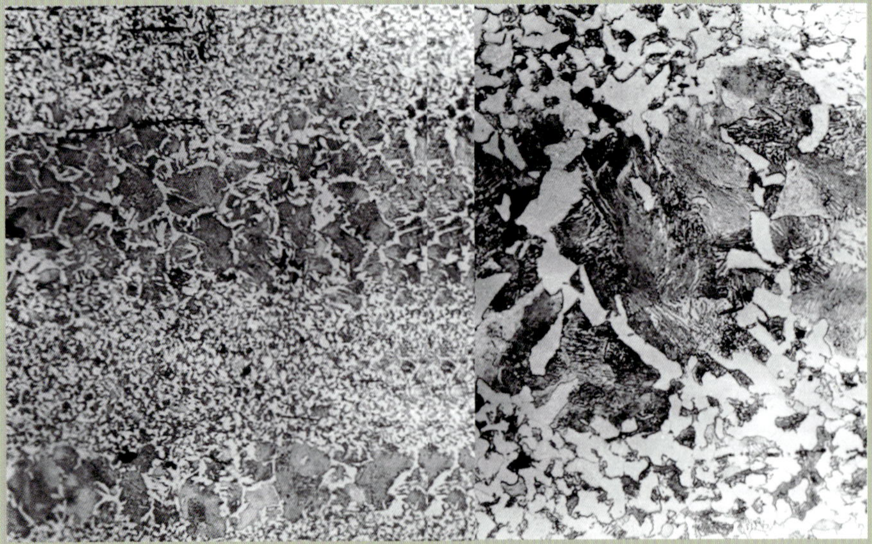

北京出土东汉铁殳的灌钢金相组织

汉代铁官冶铁作坊

公元前 119 年，汉武帝实行冶铁官营，设铁官四十余处，主要集中于中原地带的河南、山东等地，当时各地铁官的冶炼产品有着全国统一的编号，如：“河一”指河南郡铁官一号作坊；“阳一”指南阳郡铁官一号作坊。

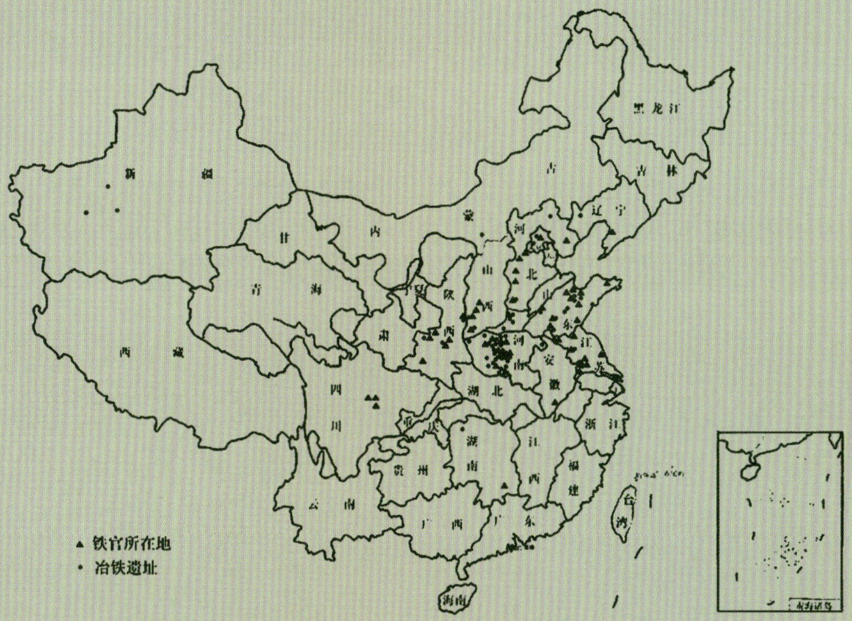

汉代铁官及冶铁遗址分布图

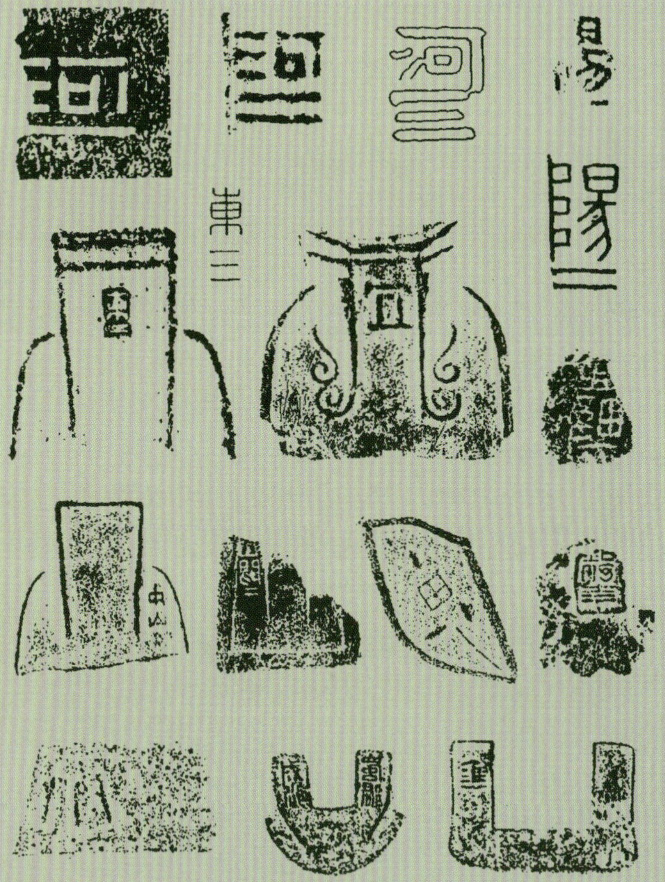

铁器标有冶铁作坊的铭文

“河一”铁官作坊

河南郑州古荥冶铁遗址，经过考古发掘出土两座冶铁竖炉及大量冶铁遗物，从铸件及铸范的铭文得知，是汉代河南郡铁官一号作坊。遗址布局合理，经济实用，反映了1800年前中国古代冶铁技术的高超水平和生产规模。

阴刻“河一”铭文的犁铧陶模

铸有“河一”铭文的铁铲

古荥一号炉炉缸

一号积铁

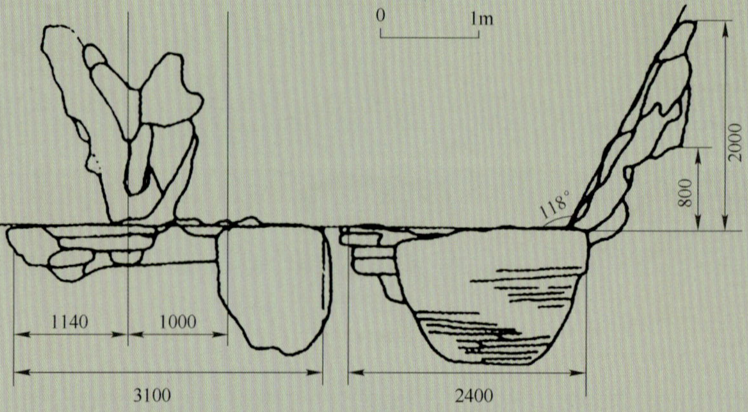

一号积铁剖面图

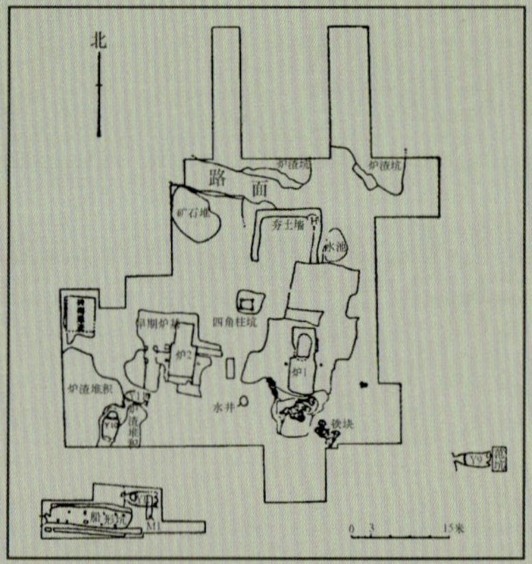

古荥一号炉遗址分布图

古代冶铁遗址

近年来，考古调查发掘多处古代冶铁遗址，发现了多处炼炉遗迹，出土了大量炼渣、矿石、铁块及耐火材料等冶炼遗物。

山东东平陵故城铸铁遗址

广西平南坡嘴“碗式”冶铁炉遗址

山东莱芜城子县冶铁炼炉遗址

山东莱芜汶阳冶铁炼炉遗址

临淄冶铁遗址

山东临淄齐故城位于鲁中山区北麓，历史上曾为周代齐国、秦代临淄郡、西汉齐郡的治所，故城内保留了丰富的周代至汉代遗址。考古工作者已大体查明了故城内各类遗址的保存情况，其中冶铁遗址主要分布于大城南部、大城东北部、大城西部等范围，每个遗址均有四十万平方米左右，可以想象当时冶炼规模的巨大。

冶铁遗迹

采集炼渣

山东临淄齐故城，方圆几公里，随处可见两千年前的炼铁渣等冶炼遗物，当年之兴盛可以想象。

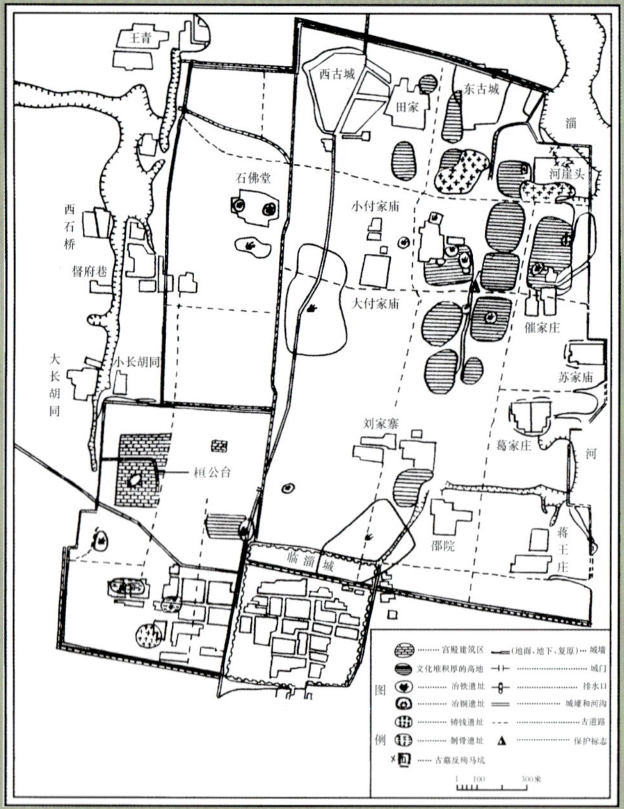

临淄齐故城遗址平面图

历代冶铁竖炉

竖炉作为生铁冶炼工艺的核心设备，反映了当时的冶炼水平。考古工作者在冶炼遗址上发现了历朝历代多种形制的竖炉，实证了我国古代冶铁技术的发达。

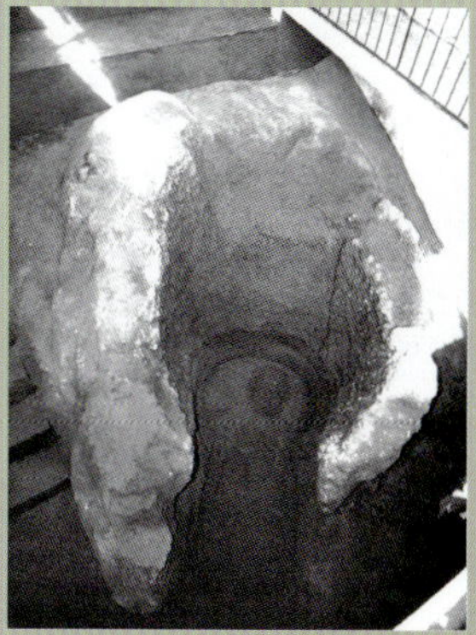

河南西平战国至汉代冶铁炉

河南郑州古荥汉代冶铁炉

北京延庆辽代冶铁炉

河南南召宋代冶铁炉

河南焦作宋代冶铁炉

河北武安明代冶铁炉

鼓风设备

鼓风设备与技术的进步提高了炉内温度，促进了冶铁技术的发展。我国历史上出现过橐、木扇、风箱等多种鼓风设备，配以相应的鼓风管和机械装置，形成了成熟的鼓风设备体系。

甘肃榆林石窟壁画关于西夏冶铁和鼓风设备的图画

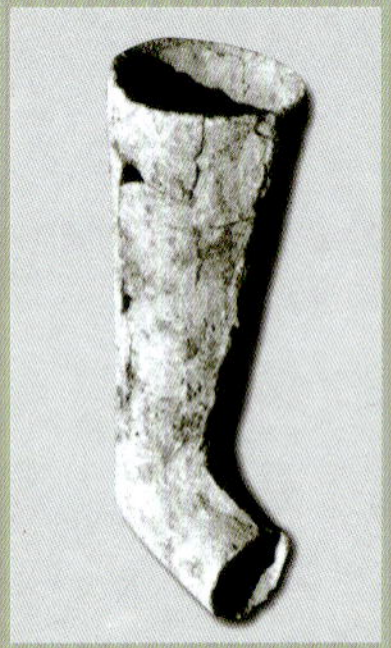

陕西坡头村出土的铁鼓风管

陕西坡头村出土的陶鼓风管

山东藤县东汉画像石上关于冶铁和鼓风设备的图片及其复原物

煤焦炼铁

关于用煤炼铁记载最早见于北魏郦道元著《水经注·河水》中引用《释氏西域记》："屈茨（今新疆库车）北二百里有山，夜则火光，昼日但烟，人取此山石炭，冶此山铁，恒充三十六国用。"宋代铁钱检测出较高的硫含量，证明最迟到宋代已有煤炼铁工艺。

明代有文献记载炼铁用焦（礁）。

方以智（1611～1671）《物理小识》："煤则各处产之，臭者烧熔而闭之成石，再凿而入炉曰礁，可五日不绝火，煎矿煮石，殊为省力。"

孙廷铨（1616～1674）《颜山杂记》："凡炭之在山也，……炼而坚之，谓之礁。完于石，重于金铁，绿焰而卒，酷不可爇，以为矾，谓之铜碛。故礁出于炭而烈于炭，碛弃于炭而宝于炭。"

方以智
（明末清初学者）

清代末期焦炭炼铁炉

坩埚炼铁

坩埚炼铁作为一种独特而且历史悠久的传统工艺，近代的山西、河南、山东、辽宁等地仍广泛应用，丰富了中国传统炼铁技术体系。

铸铁坩埚

坩埚铁

山西阳城润城古镇，城墙与民居以坩埚建造

山西泽州南村坩埚炼铁遗址

山西沁水后河坩埚炼铁遗址

山西陵川司家岭坩埚炼铁遗址

中国古代钢铁技术体系

中国古代钢铁冶金工艺在采矿、原料加工、冶炼、铸造、制钢、热处理和锻造技术等各方面都取得了突出的成就，形成自己独特的钢铁技术体系。

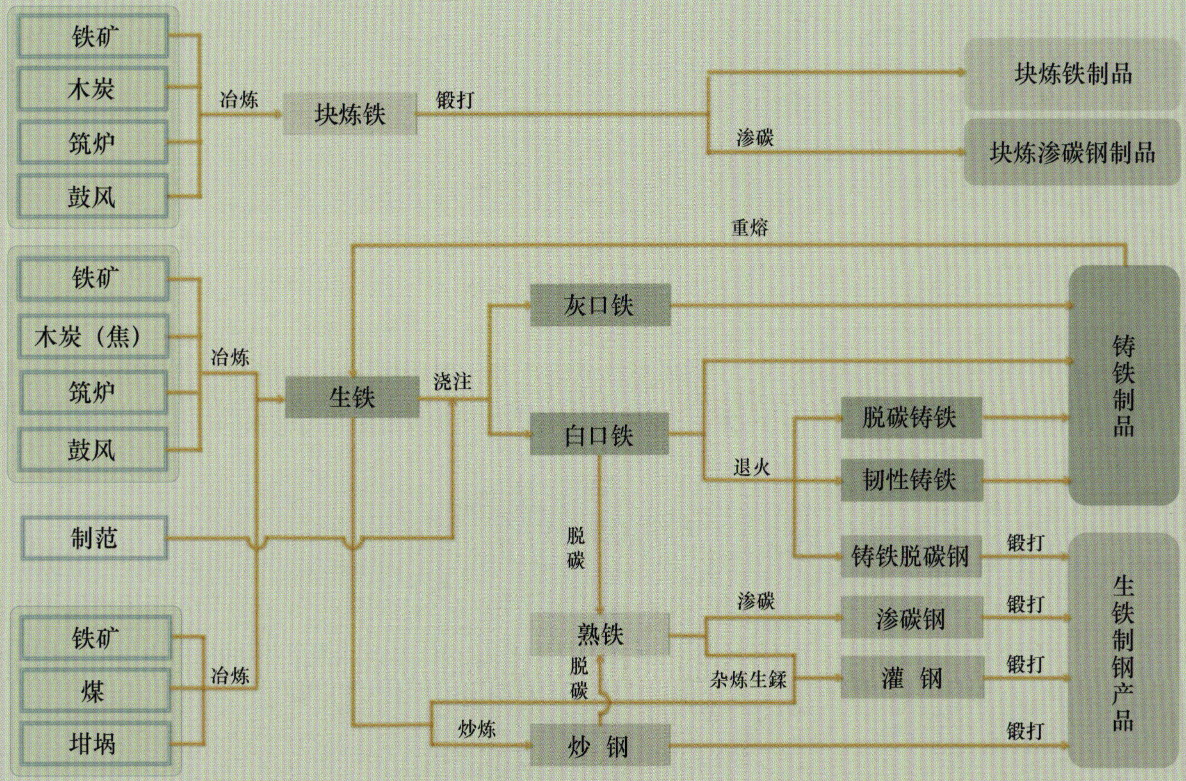

中国古代钢铁技术体系

中国古代钢铁技术十大发明

经过多年研究，学者总结出中国古代至少有十项领先欧洲的冶铁制钢技术，为人类文明的发展做出了巨大贡献。

中国古代钢铁技术十大发明

序号	技术	发明时间	
		中国	欧洲
1	生产出生铁并铸成实用器物	公元前6世纪或更早	公元14世纪
2	用退火技术生产韧性铸铁	公元前5世纪	公元18世纪
3	铸铁脱碳钢	公元前5世纪	
4	用铁范成批铸造生产用具	公元前4～前3世纪	公元19世纪
5	用生铁炒炼熟铁或钢材	公元前2世纪	公元18世纪
6	灰口铁	公元前2世纪	公元17世纪
7	百炼钢	公元1～2世纪	公元6世纪
8	灌钢	公元3～4世纪	
9	水排鼓风用于冶铸 活塞式木风箱用于冶铸	公元1世纪 公元17世纪	公元14世纪 公元18世纪
10	煤用于冶铁 焦炭用于冶铁	公元10世纪 公元16世纪	公元17世纪

中国古代生铁发明的技术原因

先进的制陶技术

“陶”是烧制陶器，“冶”是冶铸金属，“陶冶”连用已经借用作教育成才。《庄子》中有“陶铸尧舜”，汉代淮南王刘安有“陶冶万物”之语。公元前 2000 年以前陶窑窑室和燃烧室分开，设置烟囱，可以获得 1100℃的高温，且能控制炉内为还原气氛，得到灰陶、黑陶，为发明冶炼生铁技术打下良好的基础。

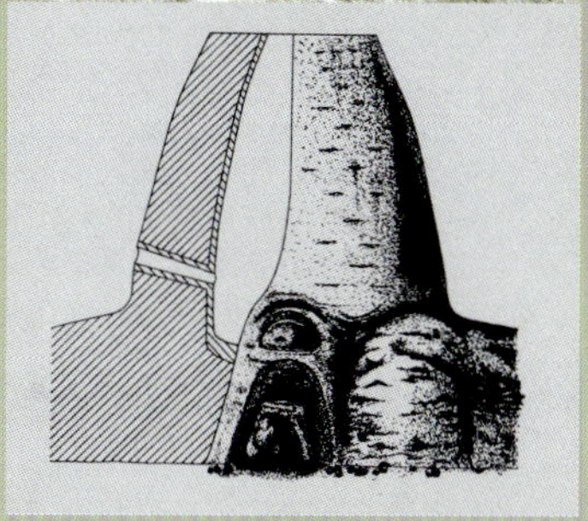

湖北大冶铜绿山遗址的冶铜竖炉及其复原图

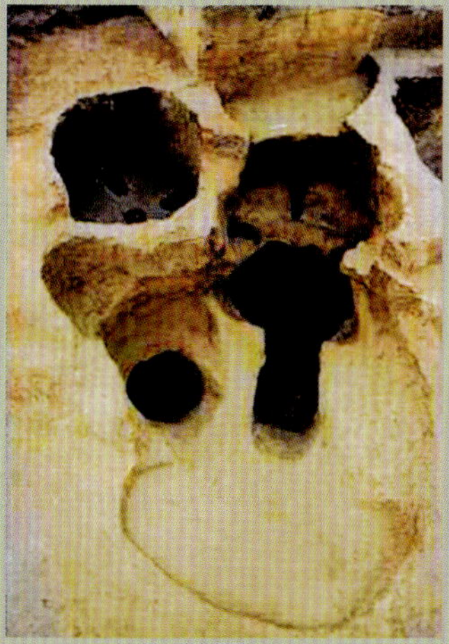

河南陕西庙底沟龙山文化陶窑

山东日照出土的蛋壳陶高脚杯

内热法冶铜炉的应用

湖北大冶铜绿山有冶铜竖炉 10 座，构筑方法相近，由炉基、炉缸、炉身组成，炉基下设防潮保湿风沟。炉缸呈圆形或椭圆形，直径约 0.5 米，高约 1.5 米，有效容积约 0.3 立方米，并设有出渣放铜的“金门”。冶铜工匠使用冶铜竖炉长期积累的实践经验和高超的冶炼技术与古代生铁冶炼用竖炉有关系。

中国古代生铁发明的技术原因

高度发达的青铜器铸造技术

中国青铜时代的一个突出特点就是在商周时期有着一个发达的礼器铸造和使用阶段。以组合陶范铸造为主要成形工艺的青铜器制作技术的高度发展为生铁铸造技术在中国的产生提供了技术上的准备。

改善白口铁脆性的退火工艺

至迟在公元前5世纪用液态生铁铸成的农具经退火处理改善性能，可以推广使用。发现的材质有脱碳铸铁、灰口铁、韧性铸铁和具有球状石墨的韧性铸铁等。

兽面纹爵（商中期，上海博物馆藏）

刖人守门方鼎（西周中期，陕西周原博物馆藏）

研究表明，战国时期生铁及生铁制钢技术已登上了中国的历史舞台，在当时的农业、手工业、军事等方面都在发挥作用，促进了农业耕作技术的变革，为秦汉统一王朝的建立、推动中国社会进步奠定了重要的物质基础。

中国古代生铁发明的技术思想

春秋战国时期，百家争鸣的学术局面与中国古代生铁冶炼技术的产生与发展在思想层面有着内在联系。特别是以整体论、系统观和辩证思想为基础的诸子百家学说，为生铁冶炼技术提供了一整套理论思维模式，这使得中国古代生铁与生铁制钢技术具备了丰富的哲学内涵，从而取得空前的进步，并长期领先于西方。

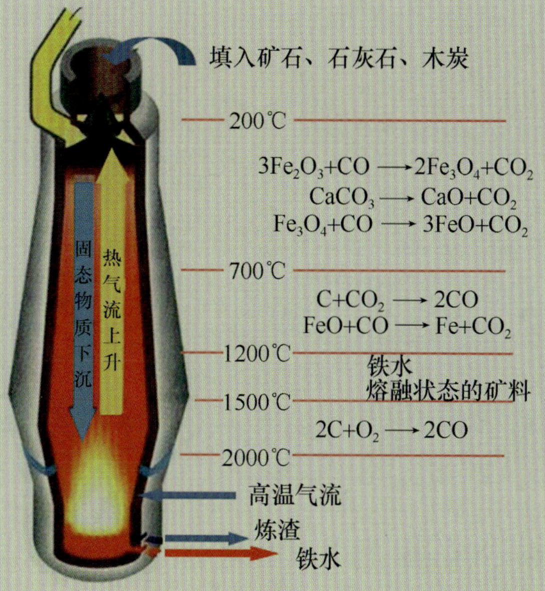

（晋）杨泉《物理论》：

“古有阮师之刀，以水火之齐、五精之陶，用阴阳之候，取刚软之和”。

阮师掌握了火候（如退火）和水的利用（如淬火），冶金炉窑和铸造用陶技术，氧化还原气氛，生铁和熟铁合炼，制成钢刀。

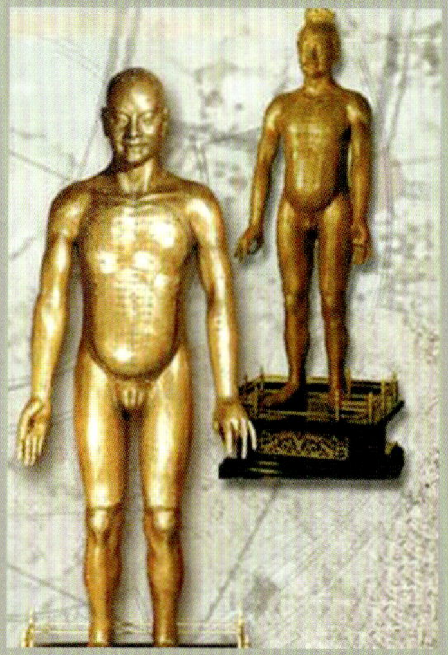

中国古代炼铁工艺与中医药技术都受到“和”技术思想的影响，认识并利用了各要素之间的相互关系，发展出协调、统一、系统的技术体系。

古代钢铁与农业

生铁因具有坚硬、耐磨、廉价、易于铸造等品质，经脱碳或韧化处理后具备更好的材料性能，在其发明之初就很快被广泛应用于农业生产。

铁质农具出现于春秋晚期，到战国中后期已普遍使用，特别是在冶铁业相对集中的地区，出土铸铁农具已占出土工具总量的60%以上。

铁质农具的广泛使用，不仅提高了耕作效率，还扩展了农田的耕作面积，这使得战国秦汉时期农业生产水平得以大幅提高，生产力得到空前发展。

铸铁农具的出现还促进了生产关系的变革，促进了农业个体经营和封建小农经济的出现与发展，推动了原始农业向传统农业的转变，奠定了中国古代农业文明的基础。

耕整地工具

战国早期，铸铁韧化技术形成，并应用到农具制造方面，出现了铁质耒、锸、铲、镬、犁等整地农具。

河南洛阳水泥厂出土战国早期铁铲（公元前5世纪）

经鉴定为白口铁经韧化处理得到的韧性铸铁。

战国铁口双尖耒（湖北江陵纪南城出土）

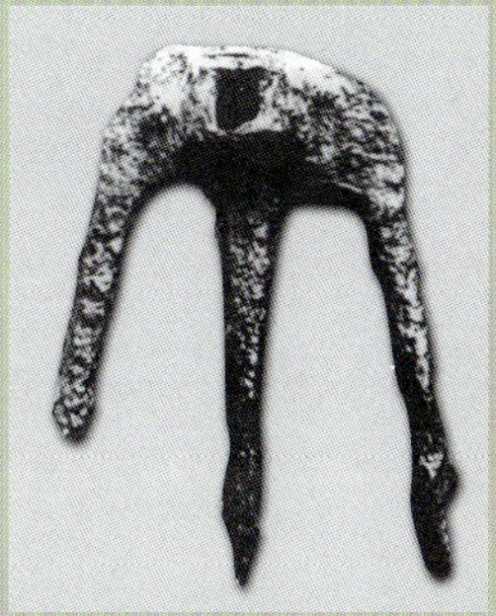

战国铁三齿镬（河北易县燕下都遗址出土）

战国铁锸（河南辉县固围村出土）

战国铁镬（湖北江陵纪南城出土）

中耕器具

中耕是田间管理的重要环节，战国时期出现了小型铁铲和锄，分别称作“铫”、“耨”，装有短柄或长柄，用于田间除草、松土和培土。战国六边形铁锄最具特色，平刃，体宽、薄，两肩斜削，不伤庄稼。唐代起，锄柄也改用铁制，并有一定曲度，便于操作。

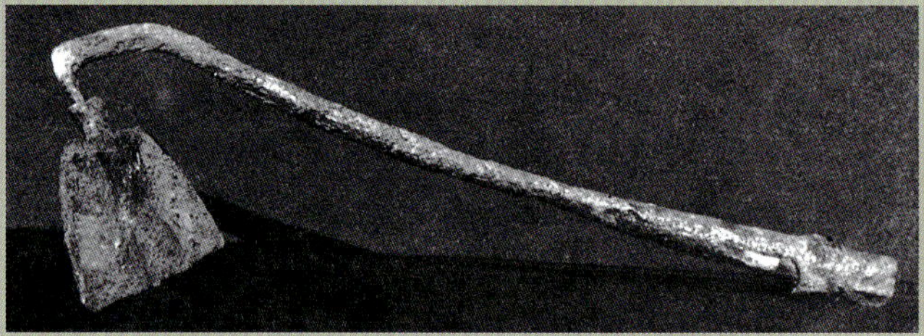

唐代铁锄（河北易县张各庄出土）

宋代铁锄（河南禹县白沙出土）

战国铁锄（河北易县燕下都遗址出土）

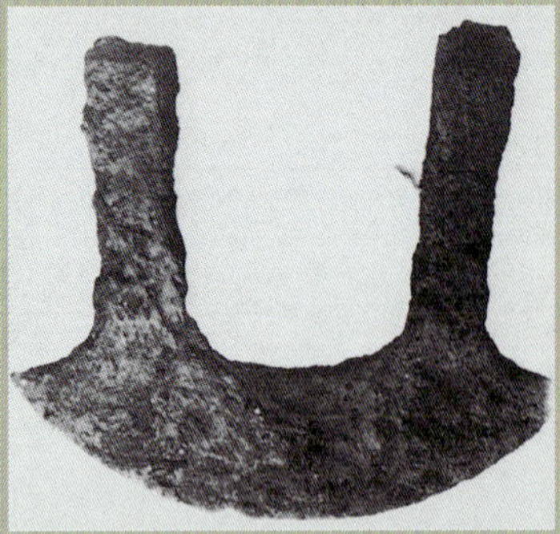

春秋铁锄（湖南长沙长丝营出土）

西汉铁锄（内蒙古奈曼旗沙巴营子出土）

战国铁锄（湖南长沙出土）

播种器具

西汉时期出现了装有铸铁犁铧的三脚耧，极大地提高了播种效率。此外，秧铲、栽锄、移植铲等小型播种工具都有铁质构件。

唐代耧播图壁画（陕西三原李寿墓出土）

汉代铁耧犁铧（河南渑池出土）

陕西兴平县小铲

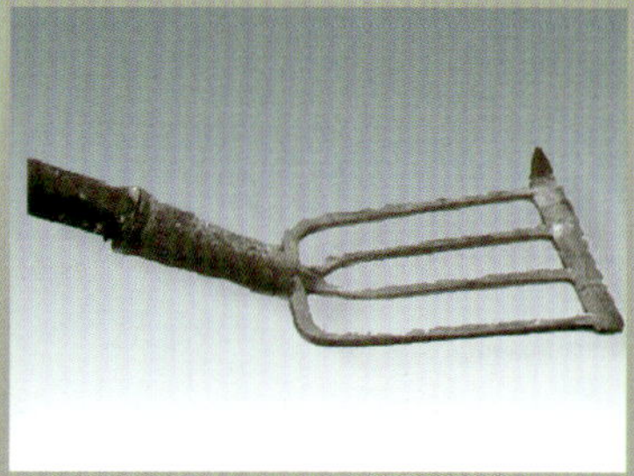

辽宁东沟县秧铲

安徽旌德县小栽锄

收割农具

战国出现的铁质收获工具有铁铚和铁镰。铁铚状如小刀，用来切割禾穗，汉代以后使用渐少。铁镰又发展出多种形式，适于收割不同作物。

西汉铁镰（内蒙古奈曼旗沙巴营子出土）

唐代铁镰（河北易县张各庄出土）

云南丽江现代铚，长24～36厘米

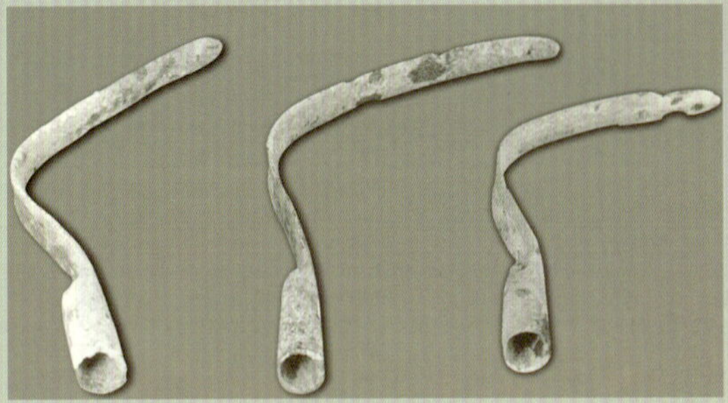
东汉铁拨镰（重庆新津出土）

古蜀民用拨镰割草场景

铁犁

犁是依靠动力牵引的耕地农具。战国时期出现了铁质犁和犁铧，汉代铁犁已有犁壁，可以翻土、碎土和起垄。云梦秦简中《秦律十八种·厩苑律》载有“正月膚田牛”、“段铁器”，说明秦代已有牛耕铁犁。

战国铁犁铧（河南辉县出土）

汉代铁犁壁（河南渑池出土）

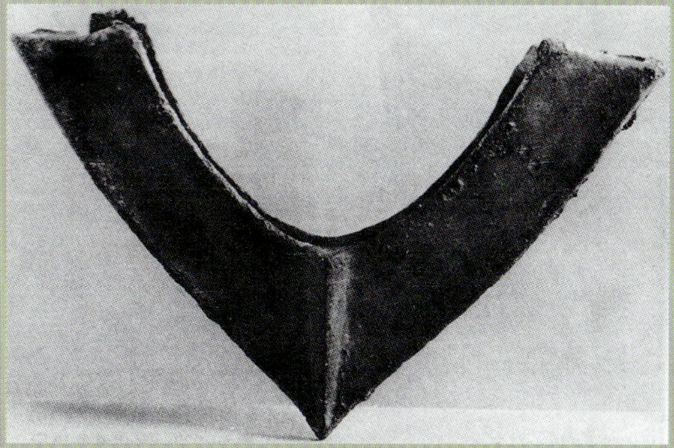

汉代铁犁铧（河南渑池出土）

唐代犁（河南三门峡出土）

宋代铁犁壁（山东枣庄渴口出土）

汉代铁犁与犁铧套合
（河南中牟出土）

云南会泽县石范铸铁作坊用石范浇注铁犁，有近百年历史。

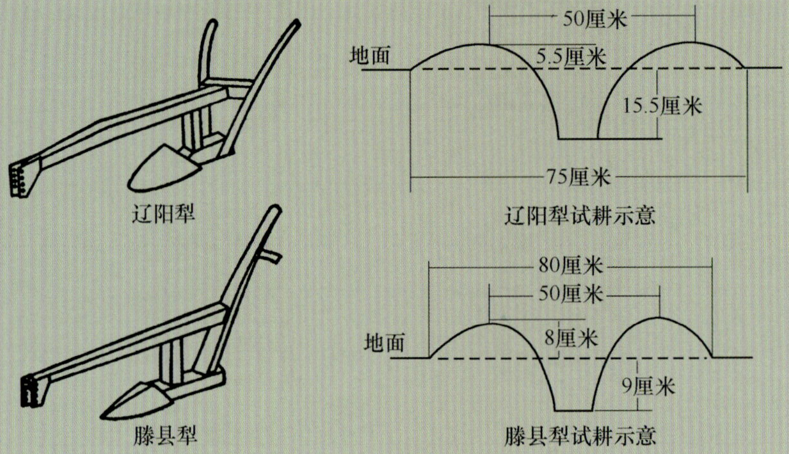

汉代铁犁的安装使用

东汉牛耕画像石（山东邹城出土）

魏晋牛耕壁画（甘肃嘉峪关新城出土）

阳城犁镜

犁镜是耕犁的重要部件，安装于犁头上方，用以翻土，因常与土块相摩擦致表面发亮而得名。阳城犁镜的铸造技艺是山西独有的一项重要的无形文化遗产。明清之际，阳城的犁镜铸造已甚兴盛，最盛时期有犁炉近百座，年产 70 万片，除供应国内各地区外，还远销朝鲜、日本、尼泊尔、不丹等国。

阳城犁镜

阳城横河犁镜厂犁炉

犁镜铁范

成堆犁镜成品

古代钢铁与军事

“兵者，国之大事”。“武器孰精”是影响军事战斗力强弱的“大事”，也是关乎国家兴亡的“大事”。生铁制钢技术发明后，多锻造制成的铁质兵器，兼备较高的硬度和韧性，且原料丰富，价格低廉，故从汉代开始逐渐取代青铜兵器，成为战场上的“国之利器”。中国古代战争频繁，广泛的社会需求与钢铁技术的进步共同促进了铁质兵器的发展，使之成为古代钢铁技术高低的标志。

铁质兵器的出现和不断改进，极大提高了军队作战能力，促进了战争规模的扩大和战争形式的变化，对历史发展进程产生了直接的影响。

矛

矛，又叫鏦（同鉈、鍦）、鏦、矟、铍，一种直而尖形的长柄刺杀兵器，两侧有刃，适于直刺和扎挑。战国晚期出现铁矛，西汉时铁矛开始取代青铜矛，矛头趋于增长，杀伤力也更强。

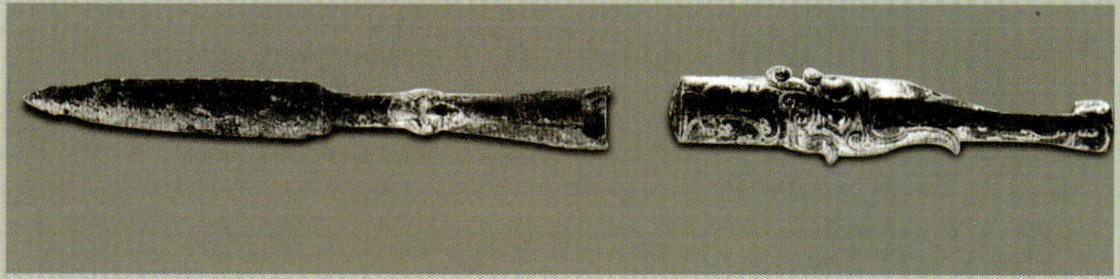

西汉铁矛
1968年河北满城出土。矛头长21.9厘米、铜镦长15.8厘米、矛全长1.96米。

战国铁矛
1965年河北易县出土。长37.9厘米。

金代铁矛
黑龙江宾县出土。长30.1厘米、刃宽7.5厘米。

枪

枪是一种长柄格斗兵器。上安枪头，下装镦，形制比较复杂。早期的枪形制与矛很接近。到了晋代，枪头演变为短而尖的形式，比矛轻便、锋利，遂枪兴而矛衰。

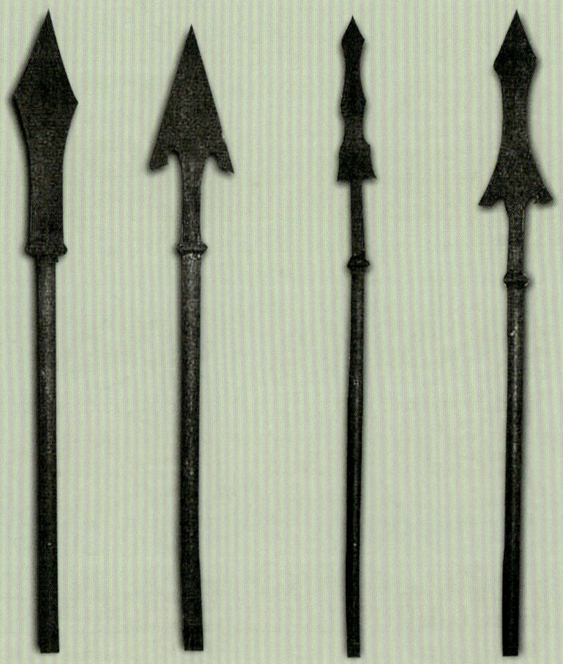

宋代铁枪，浙江杭州岳王庙陈列。
a—梭枪；b—单钩枪；c—素木枪；d—锥枪

蟾蜍枪头（宋代或更早）

私人收藏的清代铜箍铁枪头（全长48厘米）

戟

戟，格斗兵器的一种，又叫孑、镘、镝、匽，是一种可刺、可啄的兵器，在戈、矛的基础上演进而成，为戈与矛的合体。战国时期出现铁戟，质坚有韧性，比青铜戟更为狭长尖锐。南北朝以后，盔甲制作日益精良，勾啄的杀伤力减小，戟的作用降低，逐渐被枪取代，唐代以后被淘汰。

战国铁戟
1965年河北易县出土。长约45厘米。

东汉铁戟
1998年广州市梅花村65号工地M1出土。长26.4厘米，一对，表面锈蚀，保存完整，锋刃仍存，扁形刺，胡作弧形，内有二穿。

三国铁戟
1987年湖北鄂州出土。长62.5厘米、宽26.6厘米，戟刺两面刃，中脊凸棱，援，栏无穿，内末下部尖凸俢出。

刀

刀是一种用于劈砍的单面侧刃格斗兵器，由刀身和刀柄构成。

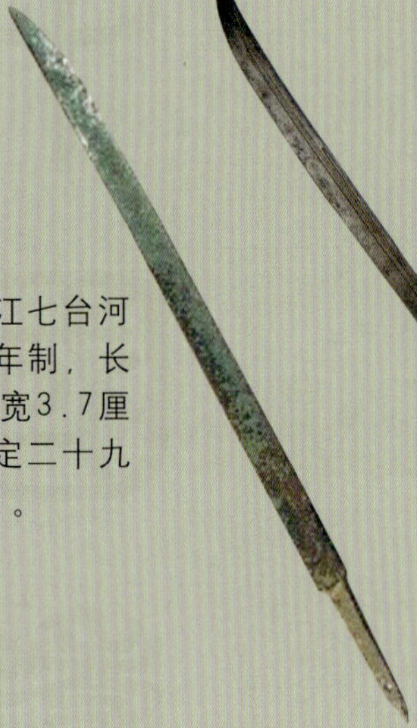

金代铁刀
1985年黑龙江七台河出土。1189年制，长87厘米、刃宽3.7厘米，铭“大定二十九年大口府造”。

明代登州戚氏军刀
通长89厘米、柄长16厘米。军刀上部刻“万历十年，登州戚氏”。

战国铁刀
（河北易县燕下都十四号墓出土）

汉代环首铁刀

《纪效新书》中，戚继光仿日本刀法创造的“长刀习法”（辛酉刀法）演练图

剑

剑，中国古代一种重要的冷兵器，直身、尖锋、两刃，后接短柄，用于击刺，古人称之为“直兵”。

南越国铁剑（公元前203～前111年）
1995年南越国宫署遗址出土。残长26厘米、宽3.8厘米。

明代佩剑

宝鸡益门出土春秋金柄铁剑

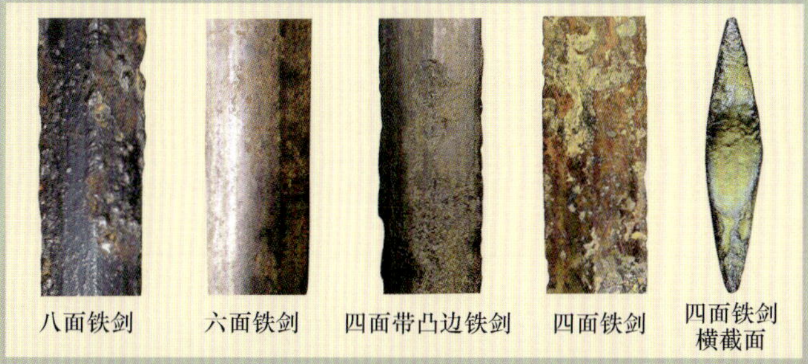

汉代铁剑剑身变化
铁剑的强度和韧性都优于青铜剑，汉代铁剑剑身由八个面递减为四个面，并且加长、收窄、减薄，更加锋利、轻便。

经研磨，被铁锈裹蚀了两千年的汉代铁剑再度锋芒毕露，且保持极佳弹性，剑身表层及韧部为高碳钢，内部为低碳钢。

镞

镞，即箭头，有锋刃，分多种形制，装在箭杆前端，以弓、弩发射。

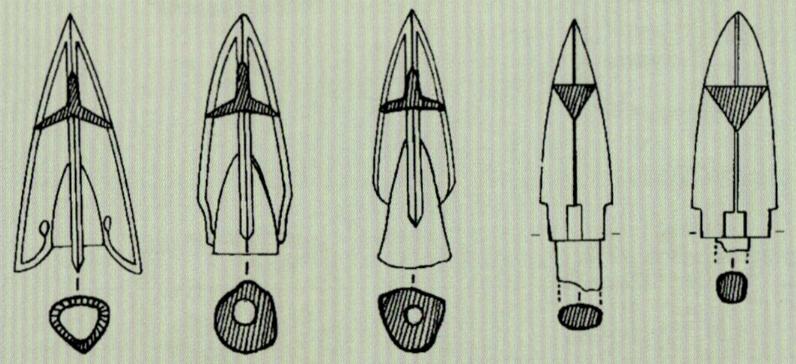

战国铁镞
早期铁镞的形制承袭于铜镞，铁铤铜镞是过渡形态。

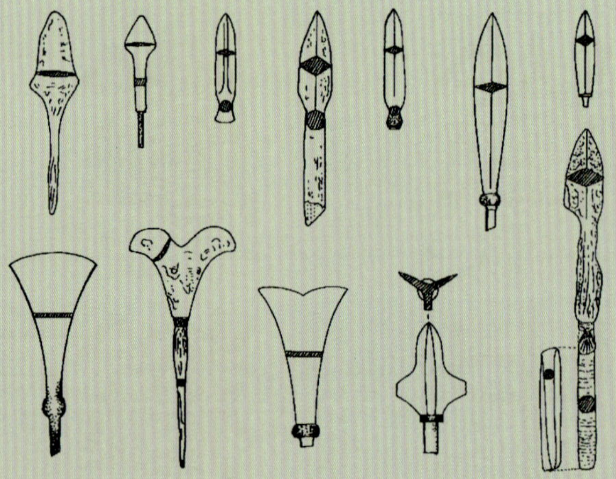

隋唐铁镞

辽代铁镞

元代铁镞
北京延庆四海镇石窑村东南3公里的火焰山上营盘遗址出土。

胄

胄，又称“兜鍪”，是头盔，护身的防御装具。

战国晚期铁胄
河北易县出土。高26厘米，当时胄又称“兜鍪”，这件铁兜鍪用89块长约5厘米、宽约4厘米的铁片缀联而成，冠戴时须衬垫布帛。

元代铁胄
高18厘米，胄体饰云纹。日本博多元寇纪念馆藏。

铁甲

铁甲，即铁衣甲，甲又名“铠”，是护身的防御装具。

宋代《武经总要》中的铁马甲复原图

清代铁铠甲（现藏于首都博物馆）

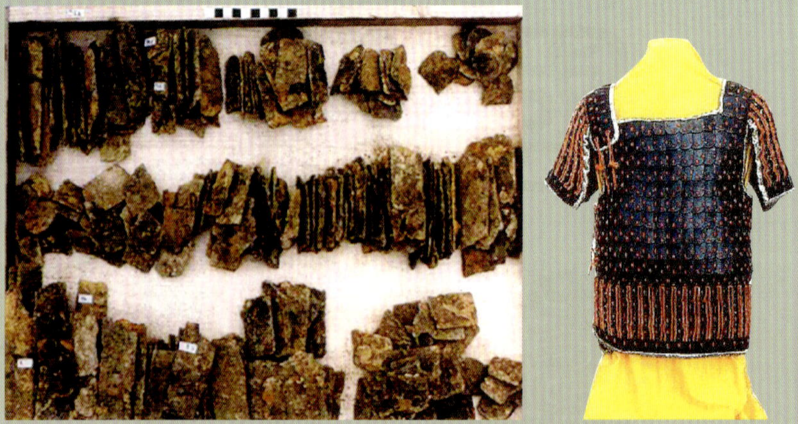

徐州狮子山楚王陵出土汉代铁甲及其复原图

炸弹

炸弹主要有手雷、炮弹等，一般由铸铁制作而成，多留有空腔以填充弹药。

铁手雷
北京延庆四海镇石窑村东南火焰山明代营盘遗址出土。

清代铸铁球形爆炸弹
直径由大到小依次为20厘米、18.2厘米、10.8厘米、7.96厘米，弹面留一孔，用于装药。

铁铳

中国发明的火铳是世界上最早的金属管型火器，最初为铜制。铁铳出现于明代初期，其韧性和强度均优于铜铳，抗膛压强度大为提高，且造价更为低廉。铁铳有单眼铳、多眼铳，及手铳、碗口铳等多种类别和形制。

明代初年的铁铳

明代三眼铁铳及铳口
北京延庆四海镇石窑村东南3公里的火焰山上营盘遗址出土。

铁炮

铁炮出现于明初，较之铜炮身管加长、口径加大、管壁加厚，能有效提高火炮射程、增加火炮的威力。炮管都为直筒形，已不见铜炮中的碗口形，炮身上一般铸有多道环箍，增加了炮管的强度。

明代铁炮
崇祯六年铸造，炮身长1.6米，口径0.1米。现存中国人民革命军事博物馆。

明代“仁字”大将军铁炮
1592年铸造，炮身长1.45米，口径0.1米，炮身铸有9道箍和2个铁环。现存中国人民革命军事博物馆。

北京端门陈列明清时期铁炮

明代海防铁炮
明崇祯十年十一月造，炮身长2.5米，口径0.13米。现存山东烟台蓬莱阁城楼。

古代钢铁与生活

中国自两千多年前进入铁器时代起，各类铁器就逐渐走进了人们的生活。

随着制铁技术的发展，人们使用铁器的场合越来越多；铁器制品的种类也日益丰富，针、锥、剪、刀、镜、锅、勺、锁……铁器已在衣、食、住、行各方面广泛应用，人们对铁器的依赖也愈来愈强。

铁质生活用品的使用和普及，给人们的日常生活带来极大便利，使人们时刻享受到钢铁技术发展的成果，是技术进步造福人类的直接体现。

炊具

铁质炊具在生活中扮演了非常重要的角色，从战国秦汉开始，它就一直是中国古代人民的主要生活用品，即使是现代，铁锅、铁勺等炊具依然是厨房中不可或缺的物品。

左上：内蒙古准格尔旗发现西夏窖藏出土的铁勺
右上：河北隆化皇姑屯辽北安州及其附近遗迹（土城子）出土的铁漏勺
左下：山西大同辽代许从赟夫妇墓出土的铁鏊
右下：内蒙古准格尔旗发现西夏窖藏出土的铁臼、铁杵

锅釜

铁锅和铁釜是最重要的铁质炊具，各地有大量铁锅出土。锅是釜的变形，我们现在的锅就是从古代的釜发展而来的。

上左：铁釜（河南渑池俱利城秦汉墓地出土）
上中：铁六鋬釜（北京通州辽代遗址出土）
上右：汉代双耳铁釜（广西博物馆藏）
下：唐代带把铁锅（北京延庆八达岭镇东曹营村北出土）

制锅工艺

清代广东佛山制锅图
（1840年中国无名画家绘，现藏于大英图书馆）

清代铸锅图（藏于丹麦）

贮水器具

古代经常用铸铁制作较大的容器，如铁罐、铁桶、铁缸、铁浴盆等，用来存储水，以供生活使用。

铁提梁汲水罐（南越国时期，公元前203～前111年）

明代铁锅（现存江苏扬州瘦西湖）

明代铸铁浴盆（河南内乡县衙博物馆藏）

左：八担锅（现存山西洪洞广胜寺）
右：铁缸（现存山东岱庙天祝殿前，宋朝建中靖国年间铸造）

饰品

在古代生活中常见各种铁质饰品，如扣饰、带钩、铁镜等。

铁带扣（新疆鄯善苏贝希墓地出土，公元前3世纪）

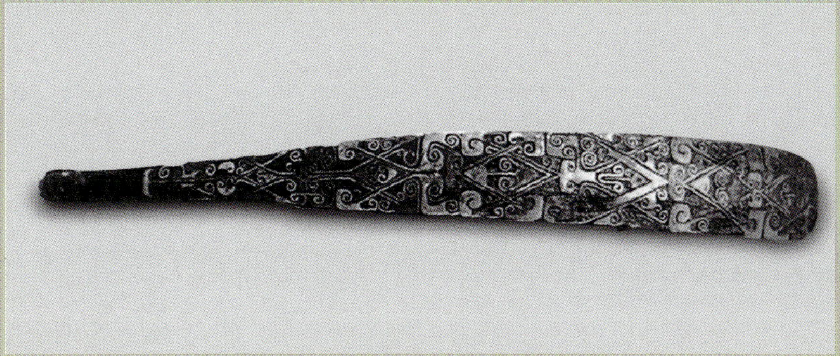

错金银铁带钩（湖北黄冈芦冲楚墓出土）

铁镜（河南洛阳华山路西晋墓出土）

东汉铁镜（北京延庆国润家园墓葬群出土）

错金五兽纹铁镜及其局部

直径16.5厘米，是曹操《上杂物疏》中所说的七寸铁镜，是目前所见古代铁镜实物中，保存最完整，艺术性最高的铁镜。藏于中国国家博物馆。

缝纫用具

铁质工具在古代缝纫中处处可见，如锥子、熨斗、剪子等，现在依然使用。

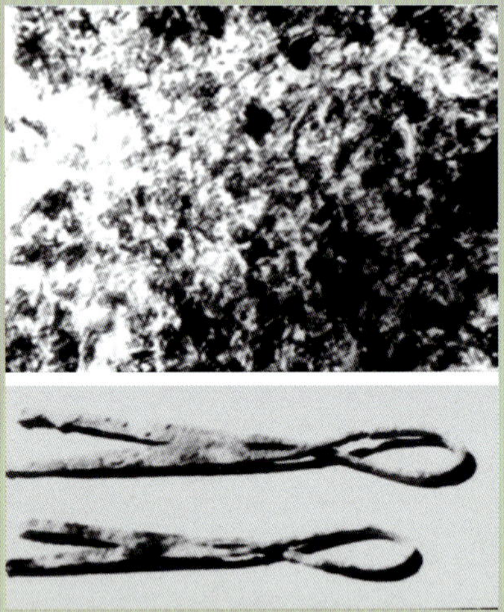

东汉剪刀及其金相组织（河南郑州东史马出土）

汉代铁剪（广西博物馆藏）

唐代铁剪（北京延庆八达岭东曹营村北出土）

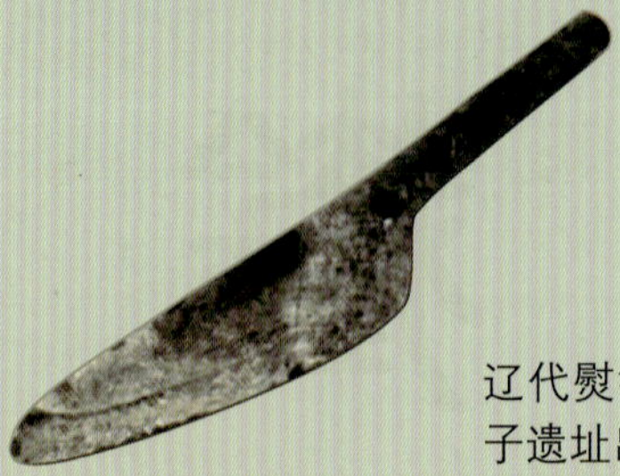

辽代熨铁（河北隆化土城子遗址出土）

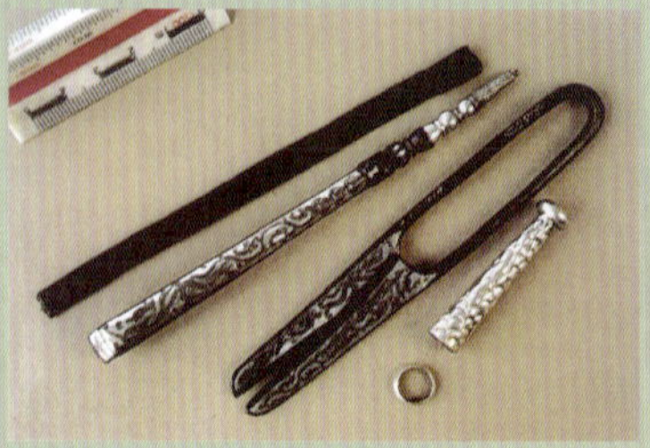

西安唐代韦氏家族墓铁剪

针和锥

针和锥是人们生活中必不可少的物件，多为低碳钢所制。特别是中国古代铁针技术源远流长，形成自己独特的传统技艺。

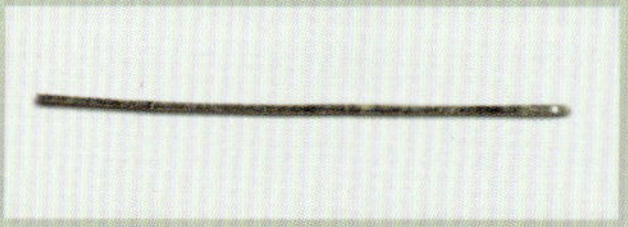

湖北包山2号楚墓出土铁针

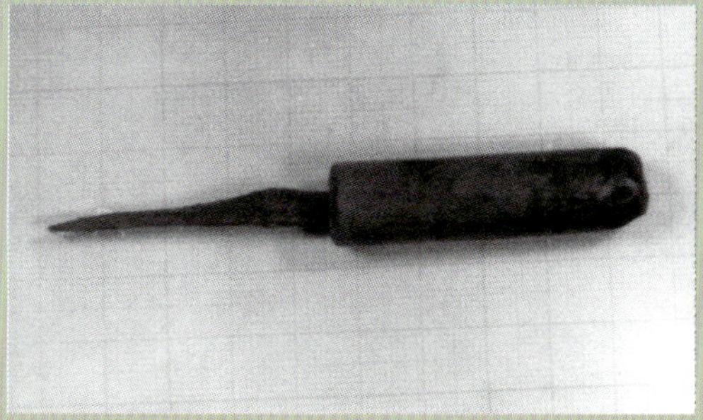

新疆鄯善苏贝希墓地出土铁锥（公元前3世纪）

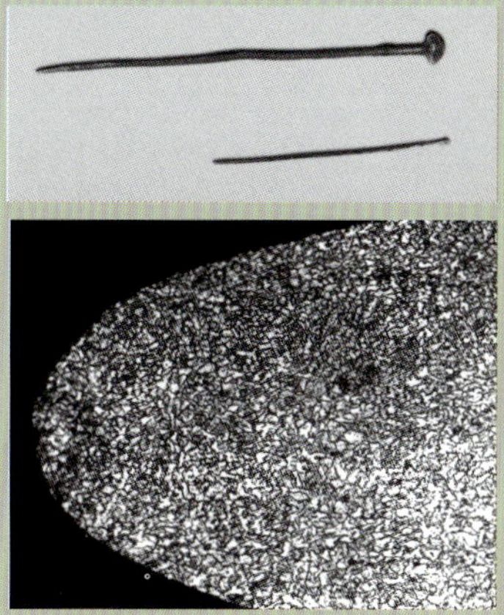

新疆鄯善苏贝希墓地出土铁针及针尖金相图（公元前3世纪）

明代《天工开物》的抽线琢针图

建筑构件

古代房屋建筑中也大量使用铁质构件，如门轴、瓦当等。铁锁更是广为使用。

广州南越国公署遗址出土铁门枢轴

河北隆化土城子遗址出土辽代铁锁

陕西宝鸡眉县太白山上铁瓦

山东碧霞元君祠铁瓦

古代钢铁与交通

马镫和马蹄铁是古代单骑的必备，对于军事、交通具有极其重要的意义；铁质车轴和车辋使车辆更加结实耐用，也有利于增加载重量；铁钉、铁箍成为船舶重要的配件；刚柔相济的铁索桥使天堑变通途；即使是石桥也常常需要铁过梁和铁拉杆作为关键部位的筋骨和连接固定件。

铁器的使用极大地改善了各地区和民族之间的交通状况，支撑了不同地域和文明之间的交流，推动了社会的发展。

马镫

有了马镫，骑兵能和坐骑人马合一，轻松完成马上动作。马镫的使用，标志着骑乘用马具的完备，人类战争史才真正迎来了骑兵时代。

中国是最早使用马镫的国家。据已有考古发现，最早西晋墓（公元 302 年）出土陶俑发现马镫雏形：马鞍左侧一小三角小镫，供上马使用。十六国时期，出现成熟的马镫。南北朝时期，完成了从木芯包铜向金属镫（主要是铁质）转变过程。有学者认为马镫经高句丽向东传播，扩散到朝鲜半岛和日本，并向西、向北在欧亚大草原上广泛传播。

嵌金辽代铁马镫（首都博物馆藏）

元代铁马镫（内蒙古博物馆藏）

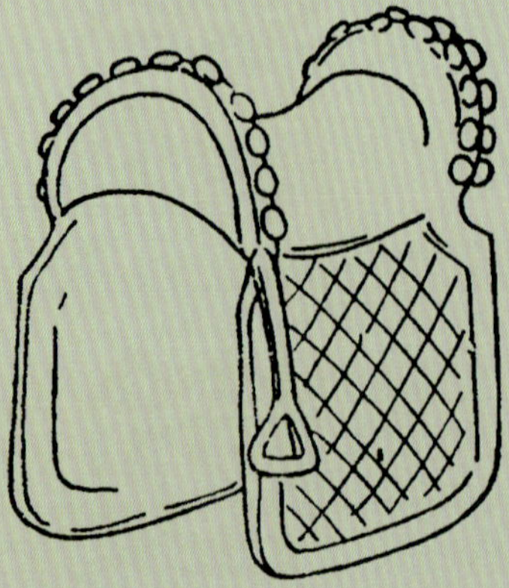

西晋永宁二年（公元302年）墓陶俑上的马镫雏形

辽宁朝阳冯素弗墓出土木芯包铜鎏金马镫（公元415年）

清代鎏金龙首纹铁马镫

马蹄铁

马蹄铁也称马掌，钉在马、骡等牲畜蹄部角质层下，延缓蹄部的磨损，使其更坚实地抓牢地面，利于骑乘和驾车。

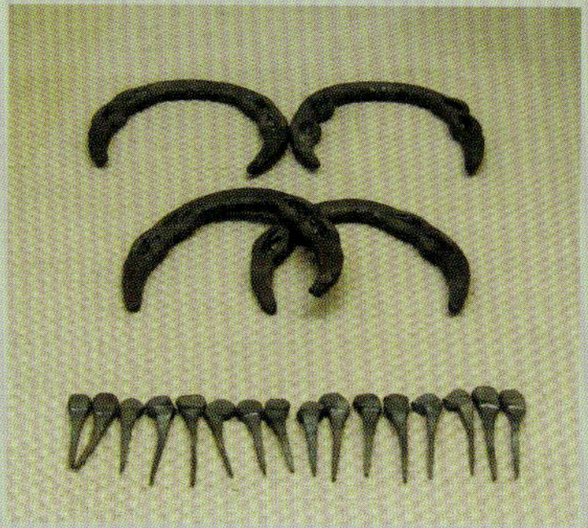

铁马掌及马掌钉

清末钉马掌照片

水彩画《钉马掌》

车船具

车是古代陆上的主要交通工具。《诗·小雅·十月之交》："择有车马，以居徂向。"船是古代水上的主要交通工具。古代车船上都使用许多铁质构件，使车船更加结实耐用。

河南洛阳民国时期太平车

船上用钉（明代，江苏南京宝船厂遗址出土）

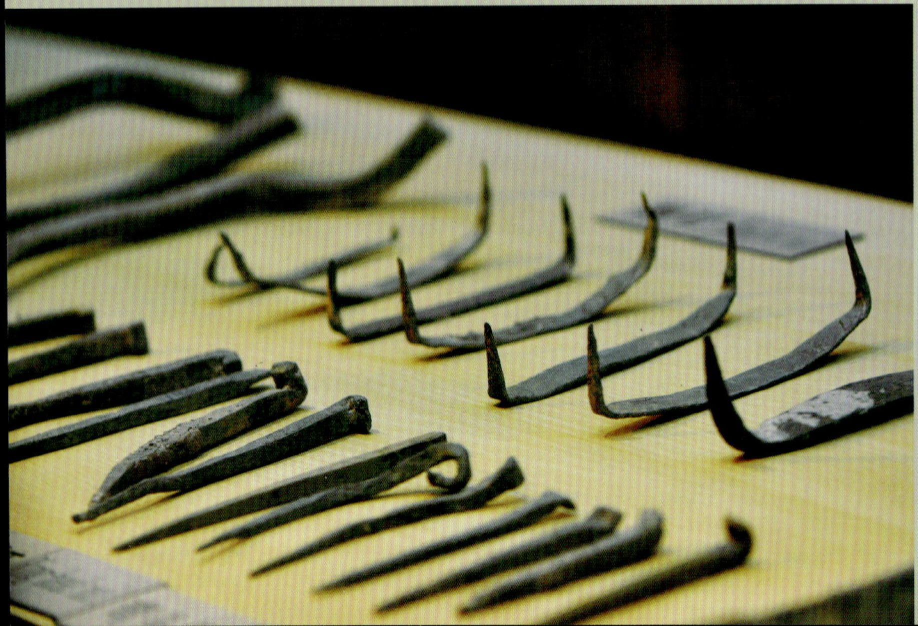

明代《天工开物》锻铁锚图

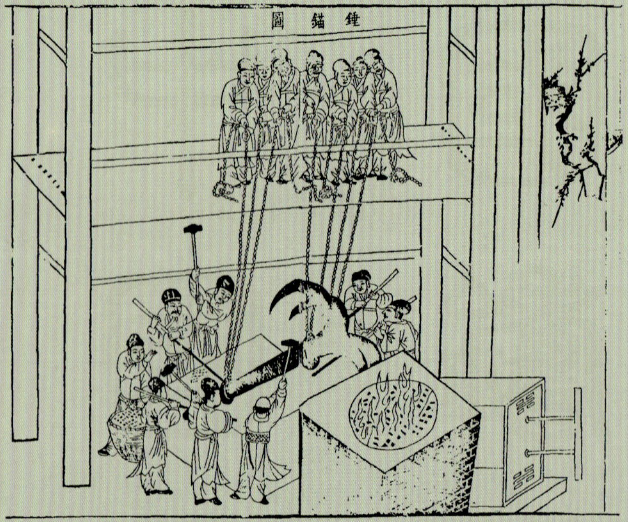

古桥用铁

古人所谓“奇巧固护，甲于天下”，即采用帽石、铁梁横穿拱肩，锁住全部拱券；以双银锭形腰铁嵌入拱石，卡住各个相邻的拱石，辅之以钩石、护拱石，进一步提高横拉强度，并且采用上窄下宽的“收分”形式，使拱券固为一体，坚实牢固。

河南漯河临颍小商桥固定“腰铁”

河北赵县安济桥（赵州桥）

河南洛阳上王召铁梁桥

铁索桥

铁索桥是主要承重构件为铁索的桥，桥面铺设或悬吊在铁索上，是中国古代重要的发明创造。

云南会泽江底铁索桥

四川泸定铁索桥（桥长103米，宽3米，建成于公元1706年，至今仍在使用）

贵州盘江铁索桥

浙江雁荡山铁索桥

蒲津渡铁器群

蒲津渡遗址位于山西永济古蒲州城西门外的黄河东岸，出土的铁质文物是唐开元十二年（公元 724 年）修建的铁索连舟固定成曲浮桥的遗迹，其中铁牛四尊，各重约 50 ～ 70 吨；铁牛旁各有一铁人，重约 3 吨；铁牛及其下面的铁板和铁锚柱、铁人、铁山、七星铁柱等是一个有机的整体，是技术与艺术的完美结合，反映了我国古代高超的冶铸、桥梁技术，具有重要的历史价值、科学价值和艺术价值，是我国工程技术史上的一颗明珠。

蒲津渡铁器群

左下：起固定作用的铁锚柱
右下：铁人、铁牛

水闸

水闸是修建在水道、堤坝中用以过滤杂物、调节水位、控制流量的闸门。北宋时期船闸得到了较大的发展，是中国古代水利交通的重要发明创造，常用铸铁制作。

西安唐代长安城西内苑出土的下水道铁闸门

上海志丹苑元代水闸遗址过水地面的铁质连接部件

安徽阜阳颍河老船闸

古代钢铁与信仰

中国古代有佛教、道教等宗教以及多种民间信仰流传，铁钟、铁佛、铁狮等大型铁质文物集中体现了其文化内涵，其纹饰、造型、铭刻等也因宗教、信仰的不同各具特色。反映佛教文化的铁质文物如佛寺中修造的铁钟、铁塔、铁刹、铁香炉等，造型庄重质朴，纹饰简洁明快，花纹衬底或雕刻以须弥座或莲花样式居多；反映道教文化的铁质文物造型自由生动，纹饰繁复流畅，蕴涵一种仙道神韵的魅力，是中国古代传统思想的艺术外现；铁旗杆、铁牛、铁貔貅等体现各地的民间传统信仰，因地域、时代不同而独具特色。

铁佛

随着佛教的兴盛，大型铸铁佛像开始盛行。现存的铸铁佛像造型优美、庄严大气，极具观赏价值。

山西临汾铁佛头，高6.8米，重10吨，内藏经书，铸造于公元632年，是现存最早的大型铸件。

唐代铁佛，现存潍坊市博物馆，分段模铸

夹宁大铁佛，铸于唐代，西安博物院藏，高2米。

铁塔

中国古铁塔最早出现在唐代，据《古清凉传》记载，唐贞观年间（公元 627 ~ 649 年），忻州人为五台山造铁塔（铁浮图）一座，高丈余，这是有记载的最早铁塔，可惜已不存在。中国现存 13 座古代铁塔。

山东聊城铁塔（铸于北宋年间）
由生铁铸造，共13层，高约15.8米。上有石刻佛教浮雕孔雀、麒麟、龙凤及乐舞人物等各类图饰。塔四面有门窗、斗拱、瓦拢、房檐等。

陕西咸阳北杜镇千佛铁塔（公元1590年）
高33米，边宽3米，生铁铸成，层层有窗，门南向，中空有梯可攀登，四角柱铸造成金刚力士像，顶立层楼，分外得体。各层环周有多尊铸铁佛。

铁塔

广州光孝寺东、西铁塔是中国现存最古老的两座铁塔。其中西铁塔建于五代南汉大宝六年（公元963年），比东铁塔早建4年。东塔初成时全身贴金，有“涂金千佛塔”之称。

光孝寺西铁塔

光孝寺东铁塔

铁经幢

现存湖南常德德山乾明寺，铸于公元 960 ~ 963 年。用白口铁铸成，空心，下大上小，呈圆锥宝塔形，边缘刻有云莲纹饰，高 4.33 米，底部直径 0.9 米，净重 1520.8 公斤，幢身共 20 层。

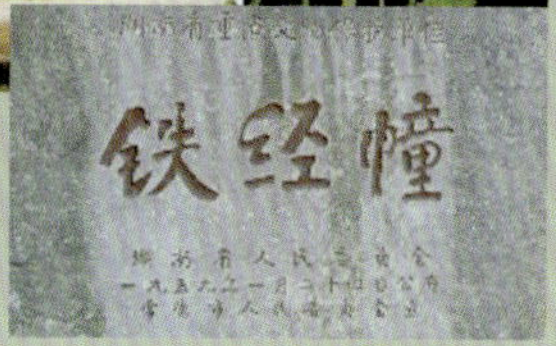

铁钟

作为金乐之首的古钟，凝聚着我国古代美术、音乐、冶炼、铸造等多方面的成就。

鼓楼大钟（公元1153年）
现存天津博物馆，被誉为“钟王”，铸工精细、造型古朴，极具欣赏和研究价值。

飞狐大钟（公元1114年）
现藏河北保定涞源阁院寺，是我国现存唯一有明确纪年的辽代大铁钟，钟身有汉、梵两种铭文。

左：永乐铁更钟（公元1420年）
原在北京钟楼，现存北京大钟寺古钟博物馆，通高4.37米，最大直径2.48米，重约24吨。

右：平南王铁钟（公元1652年）
现藏广州博物馆，钟身记录了尚可喜攻占广州城时所采取军事行动的部分实情。

铁钟

现存于陕西省西安市古城墙四角的四座铁钟始铸于明宣德二年（公元 1427 年）。

西门钟（公元1427年）
古称“安定钟”，高1.7米，口径0.85米。

东门钟（公元1567年）
古称“长乐钟”，高1.5米，口径1.17米。

南门钟（公元1567年）
古称“永宁钟”，高1.57米，口径1.2米。

北门钟（公元1636年）
古称“安远钟”，高1.45米，口径1.15米。

铁香炉

在各类寺庙中，香炉作为祭祀礼器被普遍使用。

铁香炉（公元1813年）
口径22.5厘米，宽15厘米，通高21.5厘米，底已缺失。正反面刻有楷体阳文，正面从左至右为“龙泉寺/九天圣母/嘉庆十八年/三月吉日”，背面为“刘倍元/任起凤/高平李/造”。

关帝庙焚炉（公元1524年）
现存山西运城解州关帝庙内，高89.5厘米。炉分上下两部分，上部分两层十角攒尖顶，下部束腰两层，最下为龟脚兽面。此炉构思精细、铸造精巧、庄重威严，被人们誉为“挣扎之美”。

中岳庙铁人

河南中岳庙镇库铁人四尊，铁人像铸于公元1064年，为我国现存镇库铁人之中形体最大、保存最好、铸造较佳的艺术精品，属道教文物。

晋祠铁人

现存山西太原晋祠金人台上，三尊铸于北宋，东北角一尊为 1913 年补铸。铁人高 2 米多，经历 800 多年的雨雪风霜，依然神态威武、气概不凡。

铁狮

铁狮不仅出现在名寺古刹中，也作为镇宅辟邪之物常出现在各楼宇门庭前。

山西运城解州关帝庙铁狮（公元1620年）

山西太原艺术博物馆铁狮（明代）

山东泰安岱庙铁狮（公元1770年）

河北石家庄华北军区烈士陵园铁狮（公元1184年）

河南洛阳关林庙门前左右两铁狮（公元1597年）

山西太原崇善寺铁狮（公元1391年）

沧州铁狮

中国古代最大的灰口铁铸件，当地又称作“镇海吼”，位于沧县旧州城内的原开元寺前。民国二十二年《沧县志》载铁狮“头顶及项下各有‘狮子王’字样，右项及牙边皆有‘大周广顺三年铸’（公元953年）七字，左肋有‘山东李云造’五字”。

金相检验，铁狮腿部是灰口铁，头部和莲花座上部是白口铁，其间有麻口铁。化学分析知其硫含量低，是木炭为燃料冶铁而成。

有研究认为，沧州铁狮采用范铸法造型、开放式和明注式群炉浇注系统，自下而上逐段铸造连接而成，合计共用范600余块。

铁牛

古时水患连年，人们多铸铁兽以镇洪水。传大禹治水时曾铸牛投于水中以镇洪水，故江河湖泊边多有铁牛。

江苏洪泽镇水铁牛（公元1701年）
牛身肩胁处铸有阳文楷书铭文，铭文曰："惟金克木蛟龙藏，惟土制水龟蛇降，铸犀作镇奠淮扬，永除错垫报吾皇。"

河南漯河郾城西关镇河铁牛
（公元1829年）

河南开封铁牛村镇河铁犀
（公元1446年）

铁貔貅

位于山西太原榆次老城城隍庙前，左右各一。我国古代的貔貅崇拜由来已久。貔貅凶猛无比，常比作攻无不克、战无不胜的军队，放在城隍庙前恰是钢铁城防的象征。

铁旗杆

我国古时，用来祭祀的坛庙大门前，常竖有旗杆，挂着旗幡，以显示威仪。早期旗杆一般是由竹或木制成，至清初，已可见到铁旗杆代替竹质或木质旗杆。铁旗杆是我国古代特有的大型金属文物。

上左：河南潢川三义观铁旗杆（公元1799年）
上右：河南社旗山陕会馆铁旗杆及基座（公元1817年）

安徽亳州关帝庙铁旗杆（公元1821年）

河南周口关帝庙铁旗杆（公元1797年）

铁碑

古代寺院建筑偶有铁碑，用以纪念重要事件，碑面文字多为颂神祈祥和造碑经过，碑背多为捐资者姓名和捐资数额。

陕西西安万花山铁碑，铸于明代。

陕西宝鸡眉县太白山顶铁碑，铸于明清（上书"皇清"）。

陕西宝鸡眉县太白山顶铁碑，铸于明清。

古代钢铁与政治经济

钢铁所具有的坚韧不拔、表里如一的品质，使其在政治、经济领域亦有很多用武之地。

中国古代的度量衡器具多用铸铁制成，器形稳定，精准耐用；中国历史上有部分朝代曾使用铸铁货币，成本低廉，作用重大；而作为暴力工具的各种铁质刑具，则冷酷、严铮，让人不寒而栗。

钢铁在政治、经济领域的很多方面都发挥着不可替代的作用。

铁钱

铁钱是中国货币文化中的一朵奇葩。自汉至民国初的两千余年中，中国铸行铁钱的时间断断续续大约有五六百年左右。在世界货币文化史中，没有像中国这样使用过这么长时间的铁钱，更没有像中国这样铸行过种类、币值等级繁多复杂的铁钱。

北宋崇宁重宝背星月铁钱

五代乾封泉宝背“策”铁钱

清代咸丰重宝当十铁钱

北宋政和重宝铁钱

铁权

权即秤锤，一般为铁质或铜质。所谓“权衡”指的是秤锤和秤杆。权作为衡器，最早得到统一是秦王政二十六年（公元前221年）。

明代铁权

清代铁权（大的高9.7厘米，小的高8.2厘米）

秦代铁权

陕西临潼县秦始皇陵周围地区出土，生铁铸造，重32公斤，系秦代一种衡器。现藏于陕西历史博物馆。

陕西礼泉出土汉代铁权

铁质刑具

中国古代的刑具与刑罚同时产生，并随着刑罚的变化而变化。《汉书·刑法志》中记载："大刑用甲兵，其次用斧钺；中刑用刀锯，其次用钻凿；薄刑用鞭扑。"钳、钛、斧、钺、刀、锯、钻、凿、鞭、杖等都是当时的刑具。

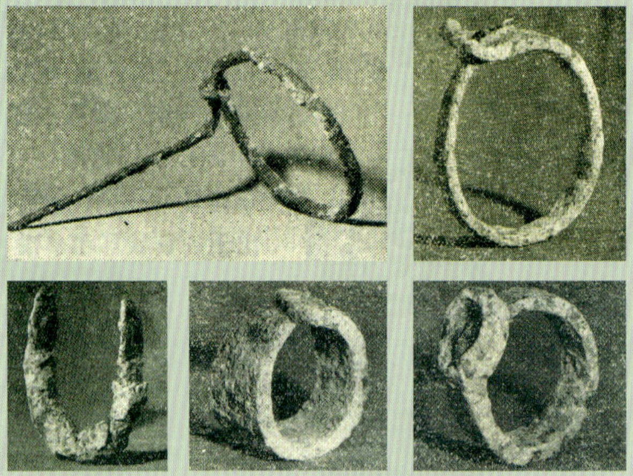

上：钳
下：钛

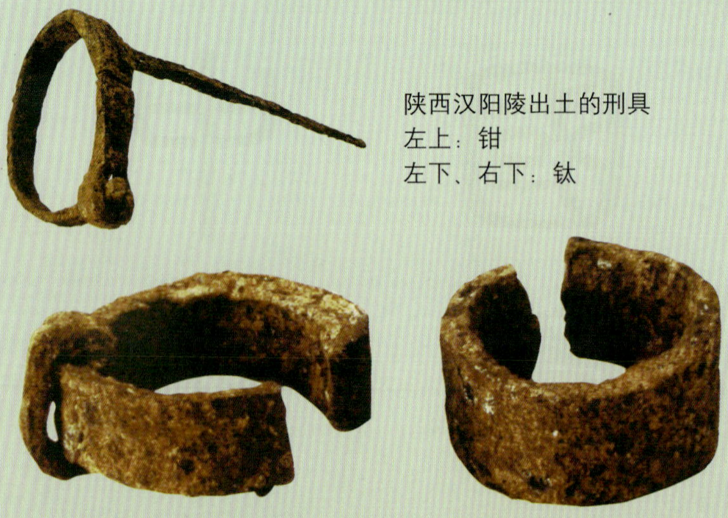

陕西汉阳陵出土的刑具
左上：钳
左下、右下：钛

河北易县燕下都遗址出土的铁颈锁（左）和脚镣（右）

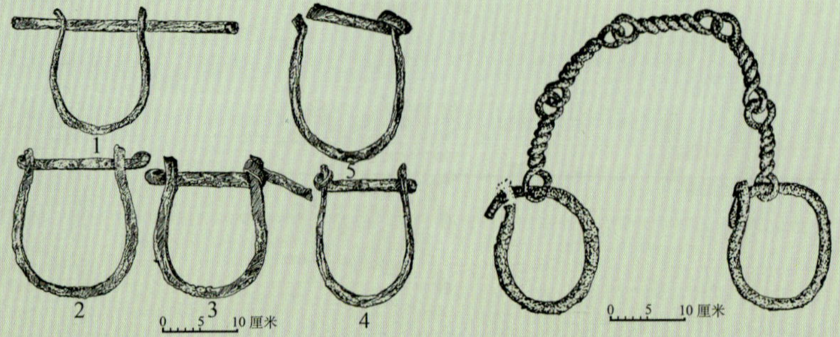

古代钢铁与文化艺术

在工艺美术和文学艺术领域，钢铁不只显露出铮铮傲骨，还内含着似水柔情。

匠人们以锤代笔，以铁为墨，以砧为砚，将笔墨艺术融汇于炉锤焊接之中，创作出胜似丹青的芜湖铁画，赋予顽铁以艺术的生命；炽热的铁水在打铁花艺人的手下，变作绚丽夺目的铁花，幻化出“东风夜放花千树”的美景。

古代诗人们常常寓情于景、借物抒怀，渲染出钢铁所经受的烈火重生、千锤百炼的艰苦历练，把钢刀、铁剑所特有的锋利、冷峻的气质抒发得淋漓尽致，为钢铁赋予了特殊的魅力和灵性。

铁画

清朝初年，安徽铁匠汤天池在文人画家的影响下将熟铁锻制成画，开创了“铁为肌肤画为魂”的铁画艺术，芜湖铁画制作技艺一直流传至今。

储炎庆锻制铁画

芦蟹图铁画（清 · 梁应达作）
纵50厘米，横71厘米，安徽省博物馆藏。

铁画《迎客松》（储炎庆小组作）

打铁花

打铁花起源于北宋，鼎盛于明清，原是炼丹道士与民间金、银、铜、铁、锡五门工匠每年春节共同祭祀太上老君祖师爷而举行的一种仪式。表演时鼓乐齐鸣，十几盘化铁炉火光冲天，打铁花艺人赤膊上阵，舞动着千余度高温的铁汁自如穿梭，铁花被击打后，迸出几丈高，冲向空中朵朵绽放，场面极其壮观。

诗词中的钢铁生产

秋浦歌（唐·李白）

炉火照天地，红星乱紫烟。
赧郎明月夜，歌曲动寒川。

这是一幅瑰丽壮观的秋夜冶炼图，在诗人笔下，生动地塑造了古代冶炼工人的形象，这类形象不但在李白的诗中是绝无仅有，而且就是在中国整个诗歌艺术宝库中，也是十分罕见的，是古诗词的艺术珍品。

颂古（宋·释道颜）

南无观世音菩萨，补陀岩上红莲舌。
不知成佛是何时，打刀须用并州铁。

并州是山西太原、大同一代的古称，以矿冶业著称，并州生产的铁制品在唐宋时期极负盛名。

诗词中的用煤炼铁

石炭并引（宋·苏轼）

彭城旧无石炭，元丰元年十二月，始遣人访获取于州之西南白土镇之北，以冶铁作兵，犀利胜常云。

君不见，

前年雨雪行人断，城中居民风裂骭。
湿薪半束抱衾裯，日暮敲门无处换。
岂料山中有遗宝，磊落如磬万车炭。
流膏迸液无人知，阵阵腥风自吹散。
根苗一发浩无际，万人鼓舞千人看。
投泥泼水愈光明，烁玉流金见精悍。
南山栗林渐可息，北山顽矿何劳锻。
为君铸作百炼刀，要斩长鲸为万段。

我国在北魏或更早的时期已经开始用煤炼铁。在这首诗里，苏轼描述了在徐州发现煤矿以及用煤炼生铁、制百炼钢的情形。

诗词中的钢铁刀具

北庭宣元杰西番刀歌（元·张宪）

金神起持水火齐，煅炼阴阳结精锐。
七月七日授冶师，手作钳锤股为砺。
一千七百七十锋，脊高体狭刀口洪。
龙飞蛟化岁月久，阮师旧物今无踪。
呱哇绣镔柔可曲，东倭纯钢不受触。
贤侯示我西番刀，名压古今刀剑录。
三尖两刃圭首圆，剑脊黝黝生黑烟。
朱砂斑痕点人血，雕青皮软金钩联。
唐人宝刀夸大食，于今利器称米息。
十年涮土松纹生，戎生造时当月蚀。
平章遗佩固有神，朱高固始多奇勋。
三公重器不虚授，往继王祥作辅臣。

前八句描述了宝刀制作的过程，“煅炼阴阳”也许就是生铁和熟铁合炼的灌钢工艺，这些句子多源自杨泉《物理论》关于阮师造刀的记叙。接着四句比较了此刀与爪洼刀(呱洼刀，即流传于马来西亚和印度尼西亚的克里士刀）和日本刀。其后四句写出了宝刀的外观和装饰，“三尖两刃”形制为中原刀剑所罕见，无疑为西传之物；剑脊呈黑色，应该是相对碳含量低的铁素体或珠光体组织；“雕青皮软”应该是说很名贵的刀鞘了。再接着两句,点明唐代以大食（阿拉伯）的刀为最佳，现在的宝刀以米息（埃及）所产为最。最后四句写出了诗人对宝刀主人寄以报国辅政的抱负思想，为诗歌惯用之“兴”。这首诗从工艺到成品总结了钢铁宝刀的诸多特点，将其与阮师造刀相提并论，并与其他东南亚、日本的花纹刀进行比较，具有较高的史料价值。

铁英铸淬的冷兵君子：剑

中国在春秋时期就已用铁制剑，铁剑是中国汉代近战中重要的冷兵器，东汉末年以后逐渐退出战争舞台，但它特有的文化意义却长久地驻留在中国人的心目中，被称为冷兵器中的君子。

隋唐时代，佩剑盛行，尤以唐最盛，剑被文人墨客视为展现尚武精神和抒发情感的重要器物，因此留下不少与剑相关的诗词，从中可以感受到中国古代精良的制剑技艺。

观淬龙泉剑（唐·裴夷直）

欧冶将成器，风胡幸见逢。
发硎思剸玉，投水化为龙。
讵肯藏深匣，终朝用劋钟。
莲花生宝锷，秋日励霜锋。
炼质才三尺，吹毛过百重。
击磨如不倦，提握愿长从。

《越绝书·越绝外传记宝剑》记载：“欧冶子，干将凿茨山，汇其溪，取铁英，作为铁剑三枚：一曰龙渊（后人称为龙泉），二曰泰阿，三曰工布。”

古剑篇（唐·郭震）

君不见，
昆吾铁冶飞炎烟，红光紫气俱赫然。
良工锻炼凡几年，铸得宝剑名龙泉。
龙泉颜色如霜雪，良工咨嗟叹奇绝。
琉璃玉匣吐莲花，错镂金环映明月。
正逢天下无风尘，幸得周防君子身。
精光黯黯青蛇色，文章片片绿龟鳞。
非直结交游侠子，亦曾亲近英雄人。
何言中路遭弃捐，零落漂沦古狱边。
虽复尘埋无所用，犹能夜夜气冲天。

铁的品质

在古人眼里，铁是坚硬的，不易被折断，因此以“铁面”来形容刚直无私的人。

答友问（唐・白居易）

大圭廉不割，利剑用不缺。
当其斩马时，良玉不如铁。
置铁在洪炉，铁消易如雪。
良玉同其中，三日烧不热。
君疑才与德，咏此知优劣。

白居易将铁与玉相比，铁可以铸成利剑而斩马，这是“才”的表现，但在炉火中铁熔化成液体，玉则依然如故，这是“德”的表现。

赵清献勤洁帖赞（宋・岳珂）

为御史而称其铁面，宜笔力之健。
尹成都而琴鹤以行，宜字体之清。
书法何出，心即其物，可以比魏公之笏。

赵清献，即赵抃（1008～1084），任殿中御史时，“弹劾不避权幸，声称凛然，京师目为铁面御史”。这里赞其书法风格具有“铁面”的品质。

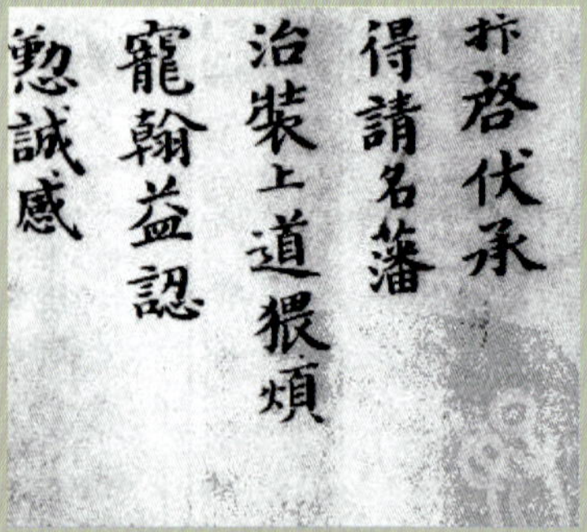

赵抃字帖

钢铁技术的传播与交流

从全球范围看，中国的冶铁技术出现的并不是最早。但是至迟从公元前 6 世纪起中国最先发明了生铁与生铁制钢技术，钢铁技术开始居于世界先进水平。

由于战争、商贸、人口迁徙等因素，中国的生铁器具和冶炼技术开始向亚洲其他地区和欧洲传播，提高了当地的农业和手工业生产效率，增强了冷兵器的性能，极大地促进了这些地区的社会发展进程。同时，在生铁与生铁制钢技术的传播过程中，各地结合其他工艺，发展出了各具特色的钢铁技术，共同推动了古代世界钢铁技术的发展和人类社会的进步。

近代以来，中国也开始吸收西方先进的钢铁技术，如铁轨和铁桥制造，逐渐进入现代工业文明。

中西方铸铁时间比较

从公元前第二千纪起，西亚、北非、欧洲、中国先后出现人工冶铁技术，并开始大量使用铁质武器和农具，相继进入铁器时代。而中西方稳定使用铸铁的时间却相差甚远。

古代西方长期采用块炼铁和块炼渗碳钢。古罗马时期偶得生铁，但未形成生铁与生铁制钢体系。普林尼在其著作《自然史》中记载："白铁自东方来。"

从15世纪起，西方才开始大规模使用生铁。

公元前6世纪，希腊阿提卡城的花瓶上的图案：希腊铁匠铺及工具

春秋战国时期，中国生铁与生铁制钢技术发明并开始传播。《左传·昭公二十九年》："遂赋晋国一鼓铁，以铸刑鼎。"为最早记载铸铁的文献。

在明代以前，中国的生铁冶铁技术一直居于世界先进水平。

山东藤县东汉画像石上关于冶铁和鼓风设备的场景

中西冶铁竖炉的比较

古代欧洲早期主要使用地炉，13 世纪以后开始出现竖炉冶铁。

中国汉代竖炉冶铁技术已经成熟，至明代，生铁总产量一直稳居世界第一。

瑞典公元13～15世纪冶铁炉遗址

德国公元14世纪冶铁炉遗址

中国河北武安明代冶铁炉

中西冶铁鼓风设备的比较

欧洲古代水力鼓风囊

欧洲在中世纪利用人力、畜力、水力来驱动大型皮囊鼓风冶铁。

中国木制活塞式鼓风箱

中国从汉代起已用水力驱动皮囊、风扇等鼓风设备，明代已经普遍使用双作用活塞式风箱，设计精巧，高效便捷。

铸铁技术的西传

中亚地区是生铁向外传播的“节点”，新疆克里雅河流域圆沙遗址出土了公元前400～前200年的铁锅和铁锄，经分析均为白口铁。

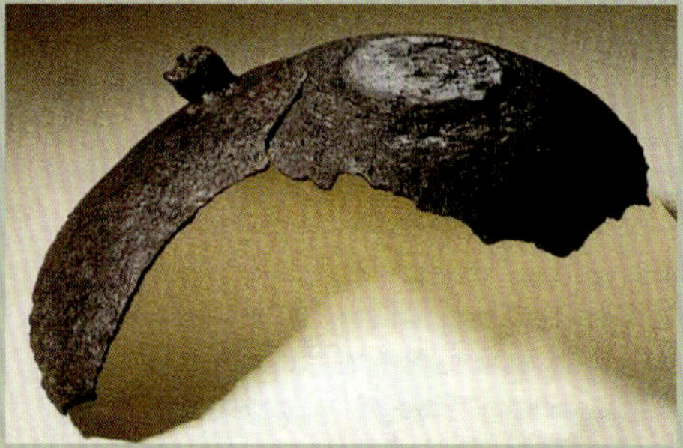

镔铁、坩埚钢与大马士革钢

有研究认为，古代中亚可能吸收了中国的生铁冶炼技术，用坩埚钢工艺生产出布拉特钢。此钢后传入中国，被称为“镔铁”；传到西亚，发展出了具有坚韧性能和美丽花纹的大马士革钢。

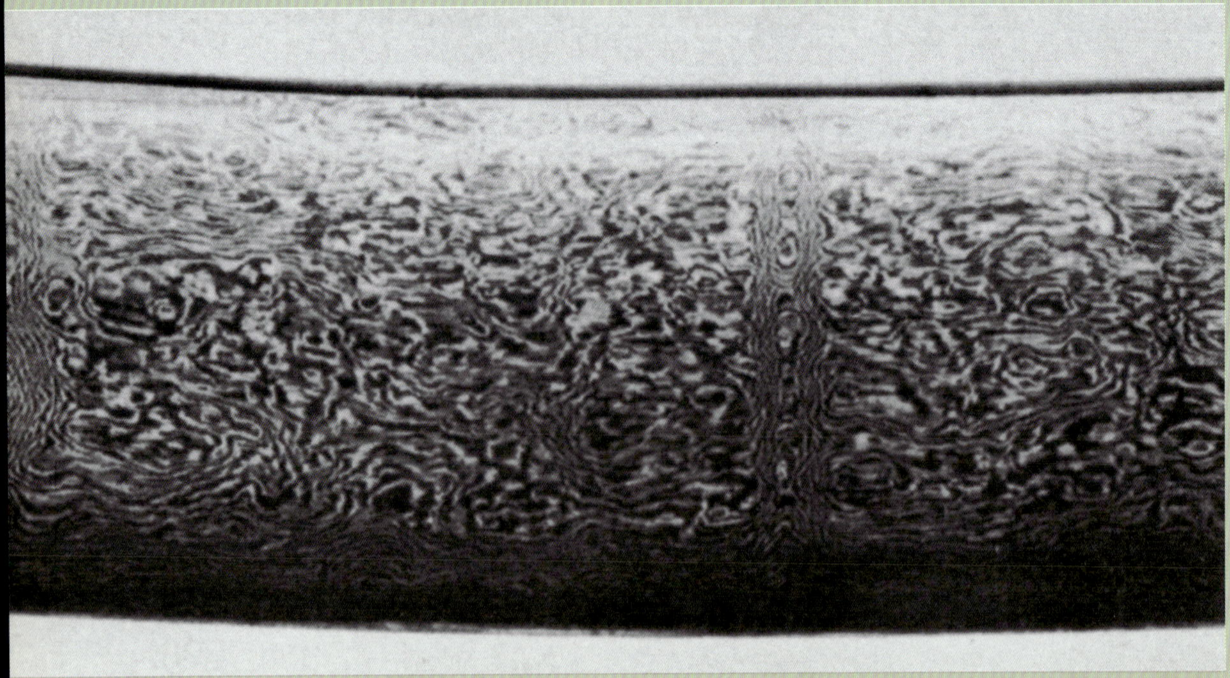

大马士革钢刀上奇异瑰丽的花纹

坩埚钢锭（出土于中亚的梅夫遗址，公元9～10世纪）

向东亚的传播

根据目前的考古发现，古代中国铁器和冶铁业对朝鲜半岛的传播经历了三次高潮：燕击东胡和朝鲜时期（战国晚期）、汉武帝置乐浪郡时期（西汉前期）和南北朝时期；传播的顺序是：铁质器具、制作技艺、冶铁技术。在弥生时代末期（公元3世纪）生铁相关技术传到日本。

韩国庆州出土的生铁铤 1

奈良县大和6号墓出土铁铤 2

向南方的传播

据研究，西南地区从战国中后期开始使用铁器。汉代在成都设置“铁官”，铸铁开始向云贵地区及越南等东南亚地区传播。早期铁器主要是兵器和日常用具；汉武帝灭南越后，铁农具广泛应用。《华阳国志》、《史记》、《续汉志》、《后汉书》中对华南、西南地区产铁均有记载。

左：云南南诏铁柱庙保存的铁柱

中：广西兴业古绿鸦六西村炼炉遗址

右：广州光孝寺铁塔

近代钢铁工业的传入

从 17 世纪工业革命起，西方钢铁制造技术获得突飞猛进的发展，先后采用焦炭炼铁和用生铁炒炼熟铁等工艺。整个 18 世纪，英国铁产量由原来的 25000 吨增长了 10 倍以上；1788 年到 19 世纪中期，在铁路建设的推动下，铁产量又增加了 10 倍。

近代以来，西方先进钢铁技术逐渐传入中国，加速了中国工业现代化进程。

英国铁桥峡塞文河铁桥
（公元17世纪）

中国兰州黄河铁桥
（20世纪初）

铁轨

清朝末年，优质铁轨由西方传入中国，交通面貌从此改变。中国最早的国产铁轨由汉阳铁厂造，广泛用于芦汉铁路等的建造。

京张铁路铁轨（1909年）

汉阳铁厂钢轨（1902年）

古代钢铁技术展示

数千年来，钢铁技术为中华文明的发展提供了巨大的推动力。今天的古代钢铁技术展示工作，正是要将这些铁器所包含的技术创新和对社会产生的贡献充分展现出来，让世人充分认识到古代钢铁技术发明创造的巨大价值。

展示方式多种多样：在原址建立遗址博物馆，通过实景展示、复原模拟等途径，能够真实、全面地将当初的场景还原出来；博物馆可以将不同地点、不同时代的铁器集中陈列，让观众在比较中了解更多；采用多种出版的方式，可以将古代钢铁技术的丰富内涵更加深入、广泛地传播开来；主题展览的表现形式更加灵活、多样，互动性和影响力也更强。

古荥汉代冶铁遗址博物馆

郑州市古荥镇汉代冶铁遗址博物馆成立于1983年，1986年10月7日正式对外开放。古荥镇汉代冶铁遗址是两汉盐铁由官府专营时期设在河南郡的“第一冶铁作坊”，简称“河一”，是目前世界上发现的规模最大的生铁冶炼遗址，面积12万平方米。出土冶铁炉两座，以及水井、水池、船形坑、四角柱坑、陶窑等辅助设施，还出土有陶制鼓风管、耐火砖和铸造铁范用的陶模，以及318件铁器、380多件陶器、8件石器，还发现20余件大积铁块，最重者达23吨。该遗址反映了我国汉代已达到很高的生铁冶铸技术水平。

展厅建筑面积735平方米，展出冶铁炉基两座，陶窑、水井、水池、大积铁块及模具、铁器等遗迹和遗物，再现了2000年前冶铁作坊全貌。

左：积铁
右：标有“河一”的铲范

北京科技大学冶金与材料史研究所

北京科技大学冶金与材料史研究所，成立于1974年，是世界上最早成立的、规模最大的冶金史研究专门机构。其“科学技术史”专业于1990年、1996年先后经国务院学位委员会批准具有硕士、博士学位授予权，是国家一级重点学科。2008年，金属与矿冶文化遗产研究国家文物局重点科研基地批准成立。研究所在注重古代资料和中外文献搜集、整理、运用的同时，着重利用现代分析手段，有选择、有目的地对传世和出土金属文物和采矿、冶铸遗址进行检验和考察，通过必要的模拟实验等科学手段，从冶金学、材料学、金属腐蚀学等多学科角度开展研究。研究所设有冶金与材料史展室。

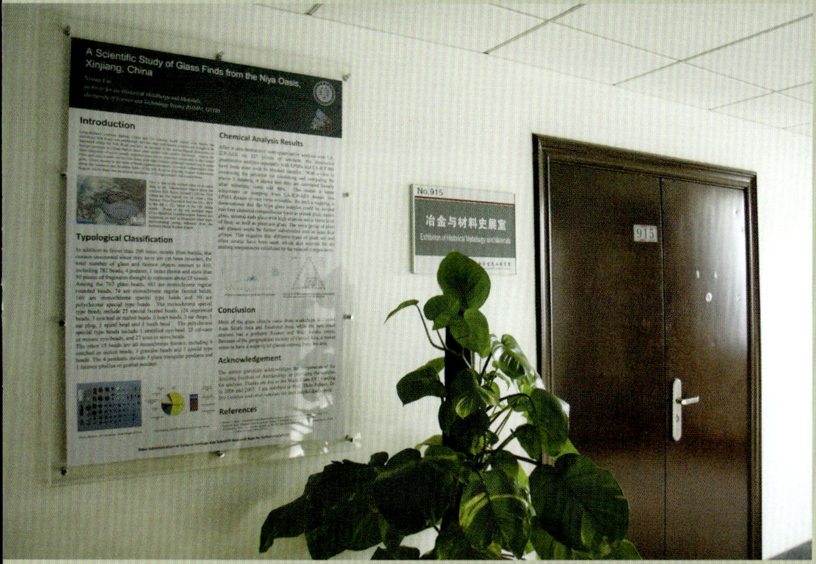

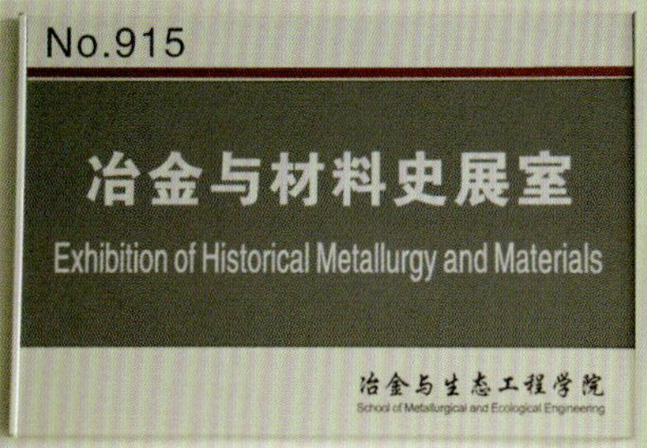

古代铁质文物标本

中国古代钢铁研究相关著作

书名	出版社	出版年份
中国冶金简史	科学出版社	1978
中国古代冶金	文物出版社	1978
中国冶铸史论集	文物出版社	1986
中国金属技术史	四川科学技术出版社	1987
中国铸造技术史·古代卷	航空工业出版社	1995
中国上古金属技术	山东科技出版社	1995
南阳汉代冶铁	中州古籍出版社	1995
铜和铁造就的文明——中国古代金属技术	大象出版社	1999
东亚地区古代铁器及冶铁术的传播交流	中国社会科学出版社	1999
中原古代冶金技术研究（一、二）	中州古籍出版社	1994，2002
中国古代冶金技术专论	中国科学技术文化出版社	2003
先秦两汉铁器的考古学研究	科学出版社	2005
中国冶金史论文集	科学出版社	2006
中国科学技术史·矿冶卷	科学出版社	2007
中国传统工艺全集·金属工艺卷	大象出版社	2007
汉晋中原及北方地区钢铁技术研究	北京大学出版社	2007
中国古代金属冶炼和加工工程技术史	山西教育出版社	2009
Iron and Steel in Ancient China	Brill Academic Publishers	1996
Science and Civilisation in China. Vol. 5: Chemistry and Chemical Technology (Ferrous Metallurgy).	Cambridge University Press	2008

铸铁中国——古代钢铁技术发明创造展

2010 年春天，“铸铁中国——古代钢铁技术发明创造展”先后在北京科技大学五环广场、北京大学百年讲堂广场隆重举行。

展览共设置了近 120 幅展板，布展长度 160 多米。内容涵盖了古代钢铁技术与生产、生活的各个方面。展览吸引了学生、教师、退休职工等大量观众，参观人数近 3000 人次，引起了极大的关注和反响。

图片来源

8 **河南鲁山望城岗汉代冶铁遗址** 河南省文物考古研究所供图

10 **准噶尔陨铁的魏氏体组织** 韩汝玢.中国早期铁器（公元前5世纪前）的金相学研究.文物，1998（2）：89.

河南三门峡出土西周铁援铜戈 河南省文物考古研究所，三门峡市文物工作队.三门峡虢国墓·第一卷下.北京：文物出版社，1999：彩版一一.

河北藁城出土商代铁刃铜钺 韩汝玢供图

11 **河南三门峡出土西周铜芯玉柄铁剑** 河南省文物考古研究所，三门峡市文物工作队.三门峡虢国墓·第一卷下.北京：文物出版社，1999：彩版一一.

新疆哈密焉不拉克墓地出土铁器 潜伟摄

新疆哈密焉不拉克墓地出土铁器及其显微组织 潜伟摄

12 **江苏六合程桥出土公元前5世纪铁条金相组织** 韩汝玢.中国早期铁器（公元前5世纪前）的金相学研究.文物，1998（2）：93.

新疆鄯善苏贝希墓地出土公元前3世纪铁刀金相组织 潜伟供图

河北易县燕下都出土战国铁剑金相组织 河北省文物研究所.燕下都（上）.北京：文物出版社，1996：图版一八九，一九〇.

13 **山西天马－曲村出土公元前8世纪残铁片的金相组织**

上：韩汝玢.中国早期铁器（公元前5世纪前）的金相学研究.文物，1998（2）：93.

下：韩汝玢，柯俊.中国科学技术史·矿冶卷.北京：科学出版社，2007：385.

14 **河南洛阳出土汉代铁锛的脱碳铸铁金相组织** 李众.中国封建社会前期钢铁冶炼技术发展的探讨.考古学报，1975（2）：图版一.

河南郑州古荥汉代遗址出土铸铁脱碳成熟铁的板材及金相组织 韩汝玢，柯俊.中国科学技术史·矿冶卷.北京：科学出版社，2007：611.

河南登封出土战国铁锄的铸铁脱碳钢金相组织 河南省文物研究所，中国历史博物馆考古部.登封王城岗与阳城.北京：文物出版社，1992：329，图版一〇三.

15 **河南汉代冶铁遗址出土铁铲金相组织** 河南省文物研究所，中国历史博物馆考古部.登封王城岗与阳城.北京：文物出版社，1992：329，图版一〇四.

河南洛阳水泥厂出土战国铁铲 韩汝玢，柯俊.中国科学技术史·矿冶卷.北京：科学出版社，2007：389.

河南登封出土战国铁锄金相组织 河南省文物研究所，中国历史博物馆考古部.登封王城岗与阳城.北京：文物出版社，1992：329，图版一四.

16 **徐州狮子山汉代楚王陵出土铁矛的金相组织** 北京科技大学冶金与材料史研究所，徐州汉兵马俑博物馆．徐州狮子山西汉楚王陵出土铁器的金相实验研究．文物，1999（7）：88.

明代《天工开物》中记载炼铁炉与炒钢炉联用生产炒钢 ［明］宋应星.天工开物·卷下，明崇祯刻本：18B，19A.

17 **山东临沂出土的三十炼环首钢刀及其错金铭文** 刘心健，陈自经．山东苍山发现东汉永初纪年铁刀．文物，1974(12)：61.

江苏徐州出土东汉五十炼钢剑及其金相组织 徐州博物馆．徐州发现东汉建初二年五十湅钢剑．文物，1979(7)：152.

18 **北京出土东汉铁殳的灌钢金相组织** 苗长兴.从河南铁器鉴定

论封建社会后期钢铁技术的发展及灌钢技术的初步研究．北京科技大学硕士学位论文，1991：120.

19 **汉代铁官及冶铁遗址分布图**　韩汝玢，柯俊．中国科学技术史·矿冶卷．北京：科学出版社，2007：506.

铁器标有冶铁作坊的铭文　李京华．汉代铁农器铭文试释．见：中国古代冶金技术研究．郑州：中州古籍出版社，1994：160.

20 本页图片均采自韩汝玢，柯俊．中国科学技术史·矿冶卷．北京：科学出版社，2007：520-526.

21 **山东东平陵故城铸铁遗址**　陈建立摄

广西平南坡嘴“碗式”冶铁炉遗址　李延祥摄

山东莱芜城子县冶铁炼炉遗址　杜宁摄

山东莱芜汶阳冶铁炼炉遗址　杜宁摄

22 **冶铁遗迹和采集炼渣**　杜宁摄

临淄齐故城遗址平面图　群力．临淄齐国故城勘探纪要．文物，1972(5)：46.

23 **河南西平战国至汉代冶铁炉**　韩汝玢，柯俊．中国科学技术史·矿冶卷．北京：科学出版社，2007：561.

河南郑州古荥汉代冶铁炉　潜伟摄

北京延庆辽代冶铁炉　潜伟摄

河南南召宋代冶铁炉　韩汝玢摄

河南焦作宋代冶铁炉　潜伟摄

河北武安明代冶铁炉　韩汝玢摄

24 **陕西坡头村出土铁鼓风管**　李延祥供图

陕西坡头村出土陶鼓风管　李延祥供图

甘肃榆林石窟壁画关于西夏冶铁和鼓风设备的图画　史金波，白滨，吴峰云．西夏文物．北京：文物出版社，1988：39-40.

山东藤县东汉画像石上关于冶铁和鼓风设备的图片　叶照涵．汉代石刻冶铁鼓风炉．文物，1959（1）：20.

鼓风设备复原物　潜伟摄

25 **清代末期焦炭炼铁炉**　Anironworks in central China(either Jiangxi or Hunan)，photographedca.1910.Reproduced from Lux1912：140.

26 **铸铁坩埚和坩埚铁**　刘培锋摄

山西阳城润城城墙与民居　潜伟摄

山西泽州南村坩埚冶铁遗址　潜伟摄

山西沁水后河坩埚炼铁遗址　刘人滋摄

山西陵川司家岭坩埚炼铁遗址　潜伟摄

28 **中国古代钢铁技术十大发明**　陈建立，韩汝玢．汉晋中原及北方地区钢铁技术研究．北京：北京大学出版社，2007：9.

29 **湖北大冶铜绿山遗址的冶铜竖炉及其复原图**　黄石市博物馆．铜绿山古矿冶遗址．北京：文物出版社，1999：208，图版三六．

30 **兽面纹爵**　文物出版社编．中国青铜器全集·卷一．北京：文物出版社，2007：74.

刖人守门方鼎　文物出版社编．中国青铜器全集·卷五．北京：文物出版社，2007：12.

33 **河南洛阳水泥厂出土战国早期铁铲**　韩汝玢，柯俊．中国科学技术史·矿冶卷．北京：科学出版社，2007：389.

战国铁口双尖耒　湖北省博物馆江陵纪南城工作站．一九七九年纪南城古井发掘简报．文物，1980（10）：45.

战国铁三齿镬　河北省文物研究所．战国时期燕国农业生产的发展．农业考古，1985（1）：113.

战国铁锸　中国科学院考古研究所．辉县发掘报告．北京：科学出版社，1956：图版五十六．

战国铁镬　陈文华．中国农业考古图录．南昌：江西科学技术出版社，1994：292.

34 **春秋铁锄**　高至喜．湖南古代墓葬概况．文物，1960（3）：33.

战国铁锄(湖南长沙出土)　陈文华．中国农业考古图录．南昌：江西科学技术出版社，1994：268.

战国铁锄（河北易县燕下都遗址出土）　王素芳，石永士．燕下都遗址．文物，1982（8）：47.

西汉铁锄　伊克昭盟文物工作站编．鄂尔多斯文物考古文集.1981:195.

唐代铁锄　陈文华．中国农业考古图录．南昌：江西科学技术出版社，1994：278.

宋代铁锄　李文信．古代的铁农具．文物参考资料，1954（9）：图版六十．

35 **唐代耧播图壁画**　陕西省博物馆，陕西省文管会．唐李寿墓发掘简报．文物，1974（9）：82.

汉代铁耧犁铧　陈文华．中国农业考古图录．南昌：江西科学技术出版社，1994：252.

陕西兴平县小铲、辽宁东沟县秧铲、安徽旌德县小栽锄　均为中国农业博物馆供图

36 **西汉铁镰**　陈文华．农业考古．北京：文物出版社，2002：103.

唐代铁镰　陈文华．中国农业考古图录．南昌：江西科学技术出版社，1994：343.

云南丽江现代铚　王朝闻主编．中国民间美术全集·器用编·工具篇．济南：山东教育出版社，1994：49.

东汉铁拨镰　陈文华．中国农业考古图录．南昌：江西科学技术出版社，1994：274.

古蜀民用拨镰割草场景　中国拓片．中国国际书店，170.

37 **战国铁犁铧**　陈文华．农业考古．北京：文物出版社，2002：90.

汉代铁犁壁　陈文华．中国农业考古图录．南昌：江西科学技术出版社，1994：237.

汉代铁犁铧　陈文华．中国农业考古图录．南昌：江西科学技术出版社，1994：235.

唐代犁　中国农业博物馆供图

宋代铁犁壁　陈文华．农业考古．北京：文物出版社，2002：244.

汉代铁犁与犁铧套合　陈文华．中国农业考古图录．南昌：江西科学技术出版社，1994：233.

38 **云南会泽县石范铸铁作坊用石范浇注铁犁**　杨瑞栋供图

东汉牛耕画像石　陈文华．农业考古．北京：文物出版社，2002：242.

魏晋牛耕壁画　金秋鹏．中国科学技术史·图录卷．北京：科学出版社，2008：11.

39 **犁镜铁范**　周和平主编．第一批国家级非物质文化遗产名录图典．北京：文化艺术出版社，2007：872.

其余均为韩汝玢供图

41 **西汉铁矛**　成东，钟少异．中国古代兵器图集．北京：解放军出版社，1990：134.

金代铁矛　成东，钟少异．中国古代兵器图集．北京：解放军出版社，1990：彩25.

战国铁矛　成东，钟少异．中国古代兵器图集．北京：解放军出版社，1990：100.

42 **宋代铁枪**　成东，钟少异．中国古代兵器图集．北京：解放军出版社，1990：203.

蟾蜍枪头　郑轶伟.中国古代冷兵器.上海：上海文化出版社，2008：22.

43 **战国铁戟**　中国军事史编写组·中国军事史·第一卷．北京：解放军出版社，1983：22.

东汉铁戟　冯永驱．铢积寸累——广州考古十年出土文物选萃．北京：文物出版社，2005：116.

三国铁戟　潜伟摄

44 **战国铁刀**　河北省文物研究所．燕下都（上）．北京：文物出版社，1996：图版三四八．

汉代环首铁刀　皇甫江．中国刀剑．济南：明天出版社，2007：15.

金代铁刀　成东，钟少异．中国古代兵器图集．北京：解放军

出版社，1990：彩版 25.
明代登州戚氏军刀 成东，钟少异．中国古代兵器图集．北京：解放军出版社，1990：251.
“长刀习法”演练图 皇甫江. 中国刀剑. 济南：明天出版社，2007：101.

45 **南越国铁剑** 冯永驱．铢积寸累——广州考古十年出土文物选萃．北京：文物出版社，2005：33.
宝鸡益门出土春秋金柄铁剑 韩汝玢供图
明代佩剑 皇甫江．中国刀剑．济南：明天出版社，2007：115.
汉代铁剑剑身变化、研磨及断面图 皇甫江．中国刀剑．济南：明天出版社，2007：30-31.

46 **战国铁镞** 成东，钟少异．中国古代兵器图集．北京：解放军出版社，1990：102.
隋唐铁镞 成东，钟少异．中国古代兵器图集．北京：解放军出版社，1990：185.
元代铁镞 程瑜供图

47 **战国晚期铁胄** 河北省文物管理处．河北易县燕下都 44 号墓发掘报告．考古，1975（4）：图版五．
元代铁胄 成东，钟少异．中国古代兵器图集．北京：解放军出版社，1990：227.

48 **清代铁铠甲** 中国古代大型铁质文物学生实践团摄
宋代《武经总要》中的铁马甲复原图 杨泓．中国古代兵器论丛．北京：文物出版社，1985：65.
徐州狮子山楚王陵出土汉代铁甲及其复原图 徐州市兵马俑博物馆．徐州狮子山楚王陵出土铁盔甲保护与复原．中国文化遗产，2004（3）：66.

49 **铁手雷** 程瑜摄
清代铸铁球形爆炸弹 成东，钟少异．中国古代兵器图集．北京：解放军出版社，1990：266.

50 **明代初年的铁铳** 成东，钟少异．中国古代兵器图集．北京：解放军出版社，1990：234.
明代三眼铁铳及铳口 程瑜摄

51 **明代铁炮** 王树财摄
明代“仁字”大将军铁炮 王树财摄
明代海防铁炮 中国古代大型铁质文物学生实践团摄
北京端门陈列明清时期铁炮 何积铨摄

53 **内蒙古准格尔旗发现西夏窖藏出土的铁勺** 伊克昭盟文物工作站．准格尔旗发现西夏窖藏．文物，1987（8）：94-95.
河北隆化皇姑屯辽北安州及其附近遗迹（土城子）出土的铁漏勺 郑绍宗，孙慧君．隆化皇姑屯辽北安州及其附近遗迹调查简报．文物春秋，1991（2）：封底彩页．
山西大同辽代许从赟夫妇墓出土的铁鏊 王银田．山西大同市辽代军节度使许从赟夫妇壁画墓．考古，2005（8）：图版三．
内蒙古准格尔旗发现西夏窖藏出土的铁臼、铁杵 伊克昭盟文物工作站．准格尔旗发现西夏窖藏．文物，1987（8）：94-95.

54 **铁釜** 陈彦堂．人间的烟火——炊食具．上海：上海文艺出版社，2002：130.
铁六鋬釜 程瑜摄
汉代双耳铁釜 国家文物局博物馆与社会文物司．博物馆铁质文物保护技术手册．北京：文物出版社，2010：彩版 4.
唐代带把铁锅 程瑜摄

55 **清代广东佛山制锅图** Donald B. Wagner.The casting of iron works in Guangdong，China，in 1840.
清代铸锅图 Donald B. Wagner 供图

56 **铁提梁汲水罐** 李林娜．西汉南越王博物馆珍品图录．北京：文物出版社，2007：56.
明代铁锅 潜伟摄
明代铸铁浴盆 潜伟摄
八担锅 中国古代大型铁质文物学生实践团摄
铁缸 中国古代大型铁质文物学生实践团摄

57 **铁带扣** 潜伟摄

错金银铁带钩 黄冈市博物馆，黄冈区博物馆．湖北黄冈两座中型楚墓．考古学报，2000（2）：257-284.

铁镜 司马俊堂，岳梅，褚卫红，等．洛阳华山路西晋墓发掘简报．文物，2006（12）：29.

东汉铁镜 程瑜摄

错金五兽纹铁镜 中国国家博物馆供图

58 **东汉剪刀及其金相组织** 韩汝玢供图

汉代铁剪 国家文物局博物馆与社会文物司．博物馆铁质文物保护技术手册．北京：文物出版社，2010：彩版4.

唐代铁剪 程瑜摄

辽代熨铁 郑绍宗，孙慧君．隆化皇姑屯辽北安州及其附近遗迹调查简报．文物春秋，1991（2）：封底彩页．

西安唐代韦氏家族墓铁剪 国家文物局博物馆与社会文物司．博物馆铁质文物保护技术手册．北京：文物出版社，2010：彩版1.

59 **湖北包山2号楚墓出土铁针** 湖北省荆沙铁路考古队包山墓地整理小组．荆门市包山楚墓发掘简报．文物，1988（5）：10.

新疆鄯善苏贝希墓地出土铁锥 潜伟摄

新疆鄯善苏贝希墓地出土铁针及针尖金相图 潜伟摄

明代《天工开物》的抽线琢针图 ［明］宋应星．天工开物·卷中，明崇祯刻本：49B，40A.

60 **广州南越国公署遗址出土铁门枢轴** 李林娜．西汉南越王博物馆珍品图录．北京：文物出版社，2007：74.

河北隆化土城子遗址出土辽代铁锁 郑绍宗，孙慧君．隆化皇姑屯辽北安州及其附近遗迹调查简报．文物春秋，1991（2）：封底彩页．

陕西宝鸡眉县太白山上铁瓦 中国古代大型铁质文物学生实践团摄

山东碧霞元君祠铁瓦 中国古代大型铁质文物学生实践团摄

62 **嵌金辽代铁马镫** 黄兴摄

元代铁马镫 黄兴摄

清代鎏金龙首纹铁马镫 黄兴摄

西晋永宁二年墓陶俑上的马镫雏形 钟少异．中国古代军事工程技术史·上古至五代卷．太原：山西出版集团，2008：498.

辽宁朝阳冯素弗墓出土木芯包铜鎏金马镫 钟少异．中国古代军事工程技术史·上古至五代卷．太原：山西出版集团，2008：499.

63 **铁马掌及马掌钉** 黄兴摄

64 **河南洛阳民国时期太平车** 潜伟摄

船上用钉 潜伟摄

明代《天工开物》锻铁锚图 ［明］宋应星．天工开物·卷中，明崇祯刻本：48B，49A.

65 **河南漯河临颍小商桥固定“腰铁”** 潜伟摄

其余图片均为中国古代大型铁质文物学生实践团摄

67 均为韩汝玢供图

68 **西安唐长安城西内苑出土下水道铁闸门** 中国国家博物馆供图

70～73 均为中国古代大型铁质文物学生实践团摄

74 **永乐铁更钟** 北京大钟寺古钟博物馆供图

其余图片均为中国古代大型铁质文物学生实践团摄

75～76 均为中国古代大型铁质文物学生实践团摄

77 均为潜伟摄

78～79 均为中国古代大型铁质文物学生实践团摄

80 **沧州铁狮全景及“狮子王”字样** 韩汝玢供图

沧州铁狮铸造示意图 吴坤仪，李京华，王敏之．沧州铁狮的铸造工艺．文物，1984（6）：83.

81 均为中国古代大型铁质文物学生实践团摄

82 均为中国古代大型铁质文物学生实践团摄

83 均为潜伟摄

84 均为中国古代大型铁质文物学生实践团摄

86 均采自中国人民银行《中国历代货币》编辑组．中国历代货币．北京：新华出版社，1999 修订版：29，40.

87 **秦代铁权** 曹向昱，等．陕西省志·冶金工业志．北京：冶金工业出版社，1991: 35.

陕西礼泉出土汉代铁权 李浪涛．陕西省礼泉县出土汉代铁权．文物，1998（6）：23-24.

88 **河北易县燕下都遗址出土的铁颈锁（左）和脚镣（右）** 韩汝玢，柯俊．中国科学技术史·矿冶卷．北京：科学出版社，2007: 399.

陕西汉阳陵出土的刑具上、下 秦中行．汉阳陵附近钳徒墓的发现．文物，1972（7）：53.

陕西汉阳陵出土的刑具左上、左下、右下 程艳妮．汉阳陵馆藏西汉刑具概述．文博，2009（3）：55.

90 **储炎庆锻制铁画** 董松．铁锤锻造的艺术——安徽芜湖铁画．中国文化遗产，2010（2）：92.

铁画《迎客松》 董松．铁锤锻造的艺术——安徽芜湖铁画．中国文化遗产，2010（2）：92.

芦蟹图铁画 董松．铁锤锻造的艺术——安徽芜湖铁画．中国文化遗产，2010（2）：92.

98 **希腊阿提卡城的花瓶上的图案** 查尔斯·辛格主编，潜伟主译．技术史·第二卷．上海：上海科技教育出版社，2003：42.

山东藤县东汉画像石上关于冶铁和鼓风设备的场景 叶照涵．汉代石刻冶铁鼓风炉．文物，1959（1）：20.

99 **瑞典公元 13 ~ 15 世纪冶铁炉遗址** Albrecht Jockenhvel 供图

德国公元 14 世纪冶铁炉遗址 Albrecht Jockenhvel 供图

中国河北武安明代冶铁炉 潜伟摄

100 **欧洲古代水力鼓风囊** Albrecht Jockenhvel 供图

中国木制活塞式鼓风箱 ［明］宋应星．天工开物·卷中·明崇祯刻本：26B，27A.

101 **新疆克里雅河流域圆沙遗址铁锅与铁锄** Corinne Debaine-Francfort, Abduressul Idriss. Keriya, Memoires d'un fleuve: Archelologie et civilization des oasis du Taklamakan[M]. Paris: Editions Findakly, 2001：220.

102 **大马士革钢刀上奇异瑰丽的花纹** C. S. Smith. A History of Metallography. MA: MIT Press. 1988

坩埚钢锭 John Merkel 供图

103 **韩国庆州出土的生铁铤** Jang Sik Park 供图

奈良县大和 6 号墓出土铁铤 潮见浩．初期铁器文化．吉川弘文馆，1982：彩版．

104 **云南南诏铁柱庙保存的铁柱** 李晓岑摄

广西兴业古绿鸦六西村炼炉遗址 李延祥摄

广州光孝寺铁塔 中国古代大型铁质文物学生实践团摄

105 **英国铁桥峡塞文河铁桥** 潜伟摄

中国兰州黄河铁桥 黄兴摄

106 **京张铁路铁轨** 黄兴摄

汉阳铁厂钢轨 方一兵摄

108 **古荥镇汉代冶铁遗址外景及遗址** 黄兴摄

积铁、标有“河一”的铲范 潜伟供图

111 均为潜伟摄

后 记

中国曾经是举世公认的创造大国。近300年以来，工业革命的发生造成了西方资本主义的兴起，一度辉煌的东方文明却因自身的缺陷而走向衰落。近30年以来，中国人从数百年的封闭之中走出，开始了改革开放的伟大变革，并以跨越式发展的速度创造了令世界惊奇的中国奇迹。能否从“中国制造”阶段迈进“中国创造”阶段，已经成为中华民族伟大复兴能否从梦想成为现实的关键所在。任何发明创造都不会凭空产生，它需要广纳人类文明一切先进成果为我所用，包括正视自身的传统、从自身的历史中去发现思想和文化的资源。“铸铁中国——古代钢铁技术发明创造巡礼”展现的仅是灿烂的古代中华文明的一个缩影，还有更丰富的技术与文化内涵等待我们去挖掘、去展示。

为了更好地展示中国古代钢铁技术对世界文明发展所做的贡献，宣传中国古代钢铁文化成果，增强民族自豪感，我们广泛收集材料，精心挑选，编辑成本画册。

本画册的出版获得国家文物局“指南针计划——中国古代发明创造的价值挖掘与展示”专项“中国古代生铁发明创造价值挖掘与展示”试点项目的资助。画册凝结了北京科技大学冶金与材料史研究所全体教师多年来的集体智慧，由潜伟教授、韩汝玢教授，以及李建西、杜宁、贠雅丽、沈璐、黄兴、王丽莉、程瑜、刘杰、徐建炜、刘人滋、刘培峰、任杰慧、于敏、包明明等研究生共同设计制作完成。潜伟教授承担了主编工作，黄兴、王丽莉分别担任了文字加工和美术设计工作。北京大学考古文博学院陈建立副教授、北京科技大学孙淑云教授与李延祥教授提供了部分资料，并提出了宝贵意见；北京科技大学中国古代大型铁质文物学生实践团与中国科学院自然科学史研究所博士后方一兵提供了部分资料。感谢多年来支持本研究所的众多文物博物馆机构和兄弟单位的大力支持。